AI 繪圖
夢工廠
Midjourney、Stable Diffusion、Leonardo.ai
×
ChatGPT 超應用神技

AI 繪圖
夢工廠
Midjourney、Stable Diffusion、Leonardo.ai
×
ChatGPT 超應用神技

感謝您購買旗標書,
記得到旗標網站
www.flag.com.tw
更多的加值內容等著您…

● FB 官方粉絲專頁:旗標知識講堂

● 旗標「線上購買」專區:您不用出門就可選購旗標書!

● 如您對本書內容有不明瞭或建議改進之處, 請連上旗標網站,點選首頁的 [聯絡我們] 專區。

若需線上即時詢問問題,可點選旗標官方粉絲專頁留言詢問, 小編客服隨時待命, 盡速回覆。

若是寄信聯絡旗標客服email, 我們收到您的訊息後, 將由專業客服人員為您解答。

我們所提供的售後服務範圍僅限於書籍本身或內容表達不清楚的地方, 至於軟硬體的問題, 請直接連絡廠商。

學生團體	訂購專線:(02)2396-3257 轉 362
	傳真專線:(02)2321-2545
經銷商	服務專線:(02)2396-3257 轉 331
	將派專人拜訪
	傳真專線:(02)2321-2545

國家圖書館出版品預行編目資料

AI 繪圖夢工廠 - Midjourney、Stable Diffusion、Leonardo.ai × ChatGPT 應用神技

施威銘研究室 著 . --

臺北市:旗標科技股份有限公司 , 2023.06　　面;　公分

ISBN978-986-312-752-9 (平裝)

1. CST: 人工智慧　2. CST: 電腦繪圖　3. CST: 數位影像處理

312.83　　　　　　　　　　　　　112007057

作　　者／施威銘研究室

翻譯著作人／旗標科技股份有限公司

發行所／旗標科技股份有限公司

台北市杭州南路一段 15-1 號 19 樓

電　　話／(02)2396-3257 (代表號)

傳　　真／(02)2321-2545

劃撥帳號／1332727-9

帳　　戶／旗標科技股份有限公司

監　　督／陳彥發

執行企劃／楊世瑋

執行編輯／楊世瑋 · 劉冠岑 · 楊民瀚

美術編輯／陳慧如

封面設計／林美麗

校　　對／楊世瑋 · 劉冠岑

新台幣售價:630 元

西元 2023 年 6 月初版

行政院新聞局核准登記-局版台業字第 4512 號

ISBN　978-986-312-750-6

範例檔案下載

本書部分章節有提供範例 Prompt 及圖檔方便讀者學習操作，請連至以下網址下載：

https://www.flag.com.tw/bk/st/F3359

（輸入下載連結時，請注意大小寫必須相同）

下載後解開解壓縮，即可看到如圖的檔案內容，大部分的檔案為 txt 格式的 Prompt 範例。其中，第 8 章有提供 Lora 模型的 safetensors 檔，第 10、11 章有提供原圖及深度圖檔案。

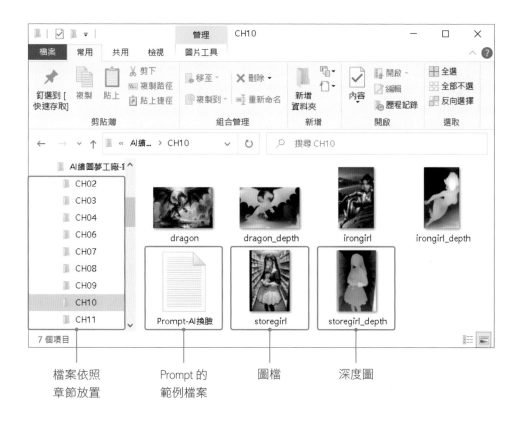

檔案依照章節放置　　Prompt 的範例檔案　　圖檔　　深度圖

目錄

CHAPTER **1**

CHAPTER **2**

生成式 AI 繪圖

Midjourney

CHAPTER **3**

CHAPTER **4**

Stable Diffusion

Leonardo.ai

CHAPTER **5**

進階用法：Leonardo.ai 影像修復與增強

CHAPTER **6**

設計 Logo 太花錢？ AI 幫你免費設計！

CHAPTER **7**

使用 AI
繪製室內設計

CHAPTER **8**

訓練你的專屬
AI 虛擬角色

CHAPTER **9**

讓 AI 變身成
專業攝影師

CHAPTER **10**

網拍業者必看 -
AI 明星幫你代言

CHAPTER **11**

自動生成
人氣酷炫短影片

CHAPTER **12**

其他 AI
繪圖軟體

1

生成式 AI 繪圖

隨著人工智慧領域的飛速發展，以往 AI
比較侷限於資料的趨勢預測、辨識分類
等領域，現今在生成資料的應用上，也有
十分突出的表現，其中更以生成式 AI 繪
圖技術最受到矚目。本章將引領讀者探
索生成式 AI 的源起與演變，先讓讀者對
於相關技術有初步了解。接著我們將深
入介紹目前市場上最具代表性和獨特風
格的圖像生成軟體，讓讀者能夠根據自己
的需求選擇並應用這些強大的工具。

生成式 AI 是甚麼？

生成式 AI (Generative AI) 泛指所有能產生新資料的技術，常見的包括文字、圖片、音樂、語音、影片等。近來也延伸出可以生成像是程式碼、網頁內容、設計圖和 3D 模型等不同類型的應用。而這些透過 AI 所產生的資料則統稱為 AIGC (AI Generated Content)。根據知名研究機構 Gartner 預測，到 2025 年全世界新產生的資料中，就有 10% 是使用 AI 技術生成的內容，而目前這個比例則還不到 1%，這代表生成式 AI 接下來將會快速發展，並普及到各種不同的應用領域。

目前生成式 AI 發展最成功的當屬萬能的 AI 對話機器人 - ChatGPT，透過對話形式可以產生各種文字內容，已經很廣泛用來生成企劃文案、簡報綱要、統計問卷、測驗考題…等，也有不少人用來產生程式碼或網站原始碼。

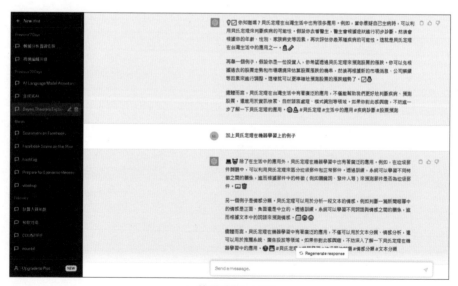

▲ 萬用的 ChatGPT

Tip

關於 ChatGPT 的應用，可參考旗標出版的「ChatGPT 4 萬用手冊」一書。

不過要說到 AI 生成最讓人驚豔的，還是非繪圖創作領域莫屬，就算沒有任何繪畫基礎，使用者也可以輕鬆生成各種風格和內容的影像畫作，而且隨著技術發展，產生的影像越來越細緻，也更加逼近照片般的擬真效果，也能產生各種天馬行空的視覺效果。由於 AI 繪圖的成效斐然，目前也逐漸改變藝術設計的業界生態，不少設計師或繪師已經開始將 AI 生成融入創作當中，像是讓 AI 幫忙繪製草稿或是較不重要的物件或背景，主視覺或整體構成則還是由創作者自己操刀。另外，也有不少繪圖軟體直接將 AI 生成整合到軟體當中，像是 Adobe 就推出 Firefly 服務，讓使用者可以快速生圖，並直接插入到軟體中使用，這些都證明了 AI 繪圖的發展前景可期。

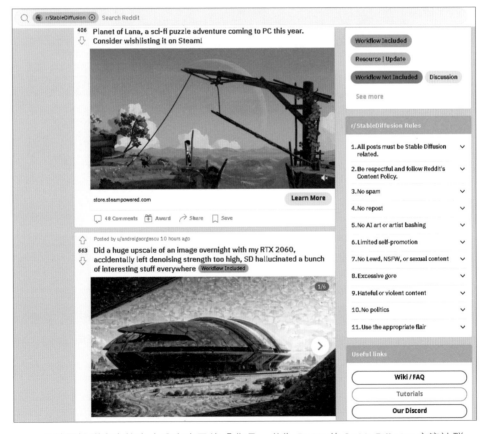

▲ AI 繪圖社群會有許多人分享自己的「作品」，此為 Reddit 的 Stable Diffusion 交流社群

▲ Firefly 服務

　　除了文字和圖像之外，其他像是在音樂創作方面，AI 同樣能夠學習各種音樂風格並創作出新的旋律，成品已經跟我們平常聆聽的音樂很接近；建築、室內設計，也可以很快完成材質渲染，產生各種不同樣貌的建築物或設計風格；就連 AI 技術本身的發展，也受惠於 AI 生成而有所突破，許多以往資料集較為匱乏的領域，像是：醫學領域，就可以透過 AI 來生成新的腫瘤或病變的樣本，讓醫療等特定用途的 AI 模型訓練更具成效。隨著技術發展更加成熟，以及更多使用者投入，相信未來將持續有新的應用被開發出來。

1-2 生成式 AI 的關鍵技術

生成式 AI 的發展很早，一開始是用於聊天對話，希望透過 AI 可以產生類似真人回答的內容。不過技術上一直沒有很大的突破，多半仰賴事先設定好的規則來回應，因此沒有受到太多關注。這點只要前幾年有使用過各種線上客服機器人，應該就不難體會，機器回應的內容往往十分空洞、貧乏、制式化，明顯跟真人客服有很大的差異。

2014 年發表 GAN 技術後，生成式 AI 才又重新受到關注。GAN 是可以生成圖像的神經網路技術，由於具備十分創新的想法，一開始在學術領域就引起不小的騷動，不到 3 年時間已經可以生成擬真的人臉照片，讓一般大眾都為之讚嘆。緊接著在 2022 年底 ChatGPT 正式問世，可以生成十分流暢、有應用價值的文字內容，才正式引爆生成式 AI 的大規模發展與應用。以下我們就大致介紹跟生成式 AI 相關的幾項關鍵技術。

Autoencoder 跟 VAE

Autoencoder 簡稱 AE，字面上來看就是自動運作的編碼器，其用途是用來重新編碼資料，可藉此壓縮資料大小或是濃縮資訊。舉個簡單的例子，人工智慧的原文是 artificial intelligence，我們用英文縮寫 AI 來代表人工智慧，而之後看到 AI 這個字，我們會想到這代表的是人工智慧，這就是某種形式的重新編碼。AE 的運作也類似，想辦法將資料濃縮後，需要時也要有辦法還原回原始資料 (這個動作稱為解碼 decoder)。

乍聽之下自編碼器好像跟生成資料沒什麼關係，但其實產生另一種精簡表示法也是在創建新資料，當我們用 artificial intelligence 的縮寫來表示人工智慧，不就等於多創造了 "AI" 這個新字。科學家還進一步發現，若能針對自編碼器加諸一些條件來約束編碼的範圍，讓編碼不是全然隨機產生，

將可以一定程度掌控生成資料的結果。也因此發展出 VAE (Variational Autoencoder) 變分自編碼器，讓機器依循常態分佈的機率來產生編碼。

Tip

常態分布是一種資料出現機率的統計結果，例如：統計同齡學生不同身高的人數，只要學生數夠多，用圖形來呈現會接近一條鐘形曲線，而曲線的中心是資料的平均值，出現的機率最高，其他資料出現機率則規律的遞減。

訓練好的 VAE 編碼器除了可以達到壓縮、還原現有資料的目的外，由於編碼的表示法有固定的範圍，我們可以從此範圍中取新的編碼並進行還原解碼 decoder，就能生成跟原有資料性質相近的新資料。這也是目前多數生成模型的基本概念。

GAN 生成對抗式網路

由於 VAE 假設資料呈現常態分佈，若實際上資料並非常態分佈，生成的資料就很難有好的品質 (和原始資料的特性差異較大)，甚至完全不適用。直到 2014 年 GAN 技術橫空出世，讓生成式應用有了新的轉機。

GAN 全名為 Generative Adversarial Network, 2014 年由 AI 界翹楚 Ian Goodfellow 提出。GAN 模型包含生成器 (generator) 和鑑別器 (discriminator) 兩個神經網路，生成器顧名思義就是負責生成新資料，而且要以假亂真、盡可能跟原始資料一致，而鑑別器則是負責判別生成結果是否為假資料。透過這種競爭機制，生成器會不斷地生成更貼近原始資料的內容，直到達到理想的結果為止，也就是找出跟原始資料接近的生成範圍。

2014 年 GAN 論文發表之時，就是以圖片生成為例，初期大致只能生成 0～9 數字這類筆畫簡單的圖片，到 2017 年 GAN 技術就已經發展到可以生成逼真的人像，甚至到 2018 年還有人將 GAN 生成的作品當作藝術品拍賣售出。緊接著就發展出各式各樣衍生的 AI 模型，可以做到藝術風格變換、特殊樣本生成、以及各種特效濾鏡等，可說是大放異彩。

❈ AI 畫作拍賣首例

2018 年 AI 生成圖首次登上世界拍賣舞台，這幅畫以 43.25 萬美元成交，幾乎是拍賣前估價的 45 倍！當時將 15000 張 14 世紀到 20 世紀的肖像畫作為數據集輸入系統，讓生成器根據這個數據集生成新圖像，鑑別器接著嘗試找出人造圖和 AI 生成圖之間的區別，當無法再區分兩者的差異時，循環就會結束。

◀ Edmond de Belamy 的肖像，來自 La Famille de Belamy (2018)。佳士得影像有限公司提供。

右下角的數列串，是生成演算法的一部分。

Diffusion Model 擴散模型

　　雖然用 GAN 模型生成的圖片已經有不錯的圖像品質，但由於採用神經網路競爭的訓練方式，訓練過程像是黑盒子（算是兩個黑盒子），我們無法得知最後生成的資料範圍，因此難以掌控生成結果。2020 年有一種新的生成模型誕生，稱為 Diffusion Model 擴散模型，它提供了一種不同於 GAN 的生成圖像方法，只需要建構一個神經網路模型，訓練過程更為穩定，而且方便觀察，開發人員比較能掌握資料生成的結果。

Diffusion 模型的概念是將一張原始圖像加上一點點的雜訊，然後逐步不斷增加雜訊，直到最後整張圖像變成一整片的隨機雜訊；接著反過來，將雜訊一次一次的過濾掉，讓原來的圖像慢慢顯示出來，直到最後變得跟原始圖像一樣清晰。Diffusion 模型透過這種增加雜訊再逐步去除雜訊的過程，可以從原始圖像中獲取其特徵或結構的重要資訊；接著模型再利用這些資訊，來組合生成具有相似風格、主題和細節的新圖像。

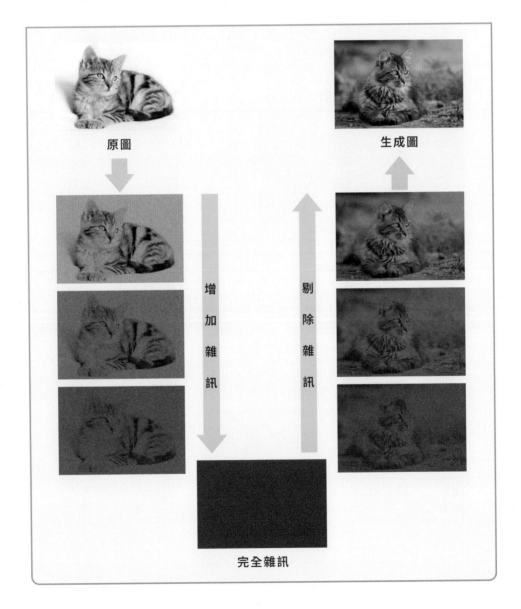

不過具體來說，擴散模型的目標其實是從現有的圖像中，學習要過濾掉哪些雜訊才能讓圖像變得更清晰 (接近原圖)，因此模型生成的其實是雜訊。台大電機系李宏毅老師有個很貼切的比喻，這就像米開朗基羅曾說的：「大衛像已經在 (大理石) 裡面了，我只是去除多餘的部份而已」。擴散模型就像是雕刻家，在訓練過程慢慢學習哪些資料是雜訊，一刀一刀剔除不需要的部分，就可以生成接近完美的圖像。

GPT 模型

GAN 跟擴散模型目前普遍用來生成圖像，另一個近期引爆生成式 AI 全方位應用的 AI 模型就是 GPT，也就是大名鼎鼎的 ChatGPT 背後所採用的技術。以往的模型多半採用監督式學習，需要大量專人整理成井井有條的文字資料，才能進行訓練。而 GPT 模型是由 OpenAI 所開發，採用非監督式學習先進行訓練，除了整理好的語料庫之外，也可使用未整理妥當的文本資料，大幅增加訓練資料的多元性，加上採用了很有效率的處理架構，因此有非常突出成果。

GPT 的全名是 Generative Pre-trained Transformer，也就是生成式的預訓練 Tranformer 模型，名稱中的「預訓練 (Pre-trained)」指的是針對一般通用性需求所訓練的大型模型，由於需要十分龐大的資料，通常只有少數大企業或大型研究單位才有辦法訓練，一般開發人員可以在此預訓練模型上，以少量資料進行小規模的微調 (Fine-tuning) 訓練，使模型能夠更符合你所需要完成的特定任務。

Tip

通用型的自然語言預訓練模型，也稱為大型語言模型 (LLM, Large Language Model)。

至於 Tranformer 是 2017 年由 Google 提出的一種深度學習模型，主要應用於自然語言處理等序列資料類型，可以一次性捕捉序列中不同位置的依賴關係與重要性，有效解決序列資料太長時，無法保留前後關係的難題。

OpenAI 公司以 GPT 模型為基礎，陸續推出許多產品或服務，ChatGPT 就是其中之一，其他像是 Codex、DALL-E 等各是為了不同目的所設計的生成式 AI 服務。

多模態的生成應用

目前的生成式應用已經邁向多模態 (Multimodal) 學習與應用，也就是 AI 會在多種資料類型之間進行協同生成與處理，例如以圖生文 (image2text)、以文生圖 (text2image) 等，這種多型態的學習也有助於模型更快掌握資料生成的特徵，同時也拓展了 AI 應用的可能性，並為人機互動帶來了更豐富的體驗。

生成式 AI 在發展初期，仰賴開發者透過 API 或其他複雜的形式提交資料，然後才能開始生成你所需要的內容，對於非專業開發者來說是一個相對高的門檻。目前生成式 AI 主流的操作方式是從提示詞 (Prompt) 開始，這個提示可以是文字、圖像、影片、設計、音符或任何能被 AI 系統處理的形式，AI 會根據提示回饋新內容，包括文章、問題解決方案，或是逼真的人物圖像。

在 GPT 等自然語言模型日趨成熟之際，使用者可以用口語描述各種請求，指定內容的風格、語氣和其他要素，也可以 AI 生成的結果為基礎，再依據你的意見回饋重新定義生成結果，使內容更加貼近你的需求。這也是目前主流 AI 繪圖服務所採用的生成方式。

相關技術細節大致就談到這，下一節我們會開始讓各種 AI 繪圖工具一一登場，讓我們一起探索這些創新工具的強大功能和使用方法，打造屬於你的 AI 繪圖夢工廠。

1-3　AI 繪圖服務大亂鬥

　　本書將在第二章介紹 Midjourney、第三章介紹 Stable Diffusion、第四章介紹 Leonardo.ai，帶你操作商業 Logo、虛擬人物、影像後製、建築與室內設計、從相片訓練出自己的模型等用途。這三個生成軟體同時是現在最多人使用，運作穩定且功能較齊全的服務，推薦讀者使用看看。

軟體	Midjourney	Leonardo.ai	Stable Diffusion
計價	付費	付費 / 免費	付費 / 免費
特色	1. 知名度高 2. 以 Discord 為介面 3. Niji 模型可以繪製卡通風格圖像	1. 整合 Stable Diffusion 功能，再優化使用者介面的版本 2. 擁有類似 Photoshop 的修圖功能 3. 可以自行訓練模型 4. 模型可上傳分享	1. 開源（代碼、模型權重）人工智能生成系統 2. 可以自行訓練模型 3. 自由度高 4. 對硬體需求較高 5. 可以雲端執行 6. 功能最多
圖像風格	以寫實為主，藝術創作性高	多元靈活，依照不同的模型有不同風格	多元靈活，依照不同的模型有不同風格
難易度	簡單	普通	進階

　　另外我們還有補充 DALL · E 2、PixAI.art、Bing Image Creator 另外三個軟體的使用方法，它們也各有特色。

- **DALL·E 2**：由 Open AI 開發，可以小幅度編輯圖像，介面非常簡單易用。
- **PixAI.art**：擅長生成日系動漫風格圖，二次元人像效果很好。
- **Bing Image Creator**：使用 OpenAI 的 DALL-E 模型，簡單易學，可同時搭配 Bing AI 聊天輔助生成 Prompt，也是目前少數可以使用中文 Prompt 的 AI 繪圖工具。

繪圖風格大比拚

◀ ▲ Midjourney 擅長繪製精緻度高，寫實的圖像

◀ ▲ Stable Diffusion 可依照不同的模型繪製多樣的畫風

▲ Leonardo.ai 建於 Stable Diffusion 的基礎上,同樣可駕馭多種風格

1-4 生成式 AI 繪圖的法律與道德問題

生成式 AI 繪圖在使用上也延伸了不少問題,目前社會尚無共識該如何使用生成式繪圖,也還沒有明確法律規範。在此先提出幾點各位讀者要注意的地方:

1. 依照國外判例, 生成的圖片沒有版權

最近美國判決 AI 沒有獲得專利與版權的法律地位。美國《專利法》裡所寫的「individual」一詞僅適用人類, AI 不是 individual, 不能算作專利的發明人;加上美國的著作權法規定,有著作權的作品必須同時符合三項條件:原創作品、為有形媒材、具有最低程度的創造性。雖然目前只是單一的判例,不過很有指標意義,目前一般媒體普遍共識,就是生成式 AI 繪圖的作品是沒有版權的。

而台灣的著作權法制以「人」作為權利義務主體,包括自然人及法人,而 AI 顯然非屬自然人,台灣也未針對 AI 特別立法使其取得法人資格,

故 AI 現在也無法成為著作權人。目前經濟部智慧財產局指出，AI 生成繪圖是否擁有著作權取決於 AI 在創作中的角色。如果 AI 僅是輔助工具，由人類輸入指令、調整修改，且作品是人類原創展現，那該作品就會受到著作權保障；但如果作品大多由 AI 獨立創作，非出自於人類意識或人類參與程度極低，那就不會受到著作權保障。

2. **不要使用未經授權的影像來生圖**

目前 AI 繪圖最有爭議的一點就是，訓練 AI 模型的過程可能使用到未經授權的影像，從許多生成結果看來，確實有侵權的嫌疑。不過目前各大 AI 繪圖服務並沒有正面回應指控，因此實情如何我們也不得而知。不過在使用以圖生圖之類的功能時（第 2 章開始就有使用），切記不要使用任何未經版權的影像來生圖，就算是自行購買的版權圖庫，也要確認是否有重製的權利，否則都屬於侵權的行為。

3. **使用 AI 生成的影像，請勿標示為自己的作品**

現在已有創作者將 AI 繪圖做為靈感參考，再自行使用其他工具做出藝術創作。另一方面，AI 繪圖無法完全確定資料來源，圖庫可能會包含到世界各地繪者的創作；在這樣的情形下，如果拿 AI 生成圖宣稱是自己的作品，就可能侵害到繪者的智慧財產權，讓創作族群感到冒犯。為避免誤解甚至衍生爭議，請還是不要將 AI 生成圖標示為個人作品。

4. **(承上) 若是再製作品，也請標註說明 AI 繪製的部分**

前面有提過，目前有不少設計師或繪師會採用 AI 繪圖做為輔助，為了避免事後衍生任何爭議，若作品繪製過程有使用到任何 AI 繪圖服務，建議可以在作品使用工具加註說明。

5. **盡量不要直接要求 AI 模仿當代藝術家或繪師的風格來生成**

一般藝術畫作的年限為著作人在世與過世後 50 年期間，擅自要求 AI 繪圖參考某些藝術畫作來創作，雖然目前還未明確視為侵權，但這類行為往往會在設計社群中引起撻伐，建議還是盡量避免。

目前最大的訓練圖庫資料集 LAION

訓練 AI 模型需要大量的資料，現在我們看到 AI 繪圖有這麼亮眼的表現，也是受惠於有許多數量龐大、類型多元的影像資料庫，才有辦法做到。目前像是 Stable Diffusion 或是其他大型 AI 繪圖模型，多半都是使用 LAION (Large-scale Artificial Intelligence Open Network) 這個目前全世界最大的圖庫資料集進行訓練。

▲ LAION 官方網站

LAION 有提供不同規模的圖庫資料集，最大的圖庫收錄達 5~60 億張圖片，而且都是採用 CC 4.0 授權，只要提供出處就可以免費使用。這些圖庫中的圖片也都帶有說明文字，而且各種不同語言的說明文字都有，有助於先前提過多模態的生成應用，有興趣的讀者可以上 LAION 的 Demo 網站實際搜尋看看。

▲ https://reurl.cc/qkEQ90 搜尋 "taiwan cat" 的顯示結果，你可以自行嘗試其他關鍵字

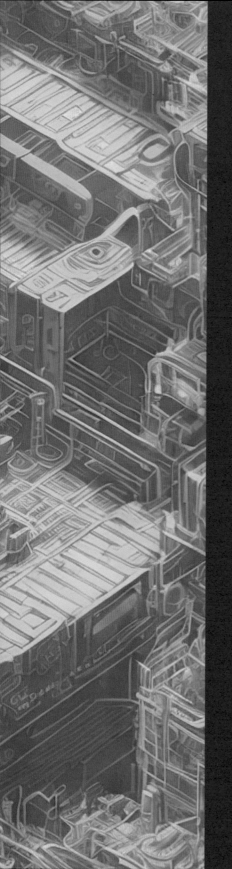

2

Midjourney

如果說 ChatGPT 是 AI 文字生成爆紅的關鍵，那 Midjourney 可以說是在 AI 圖像生成領域中異軍突起的新秀，即使沒有親自使用過，肯定也聽過它的名聲。與大部分的 AI 圖像生成軟體相同，Midjourney 也是建於 text2image 的技術上，使用者可以輸入「詳細的文字描述 (Prompt)」來生成令人驚豔的「圖像」，基於這點，就算我們沒有相關的藝術背景，也能搖身一變成為大藝術家！

Midjourney 所生成的圖像

與其它 AI 圖像生成軟體相比，Midjourney 所生成的圖像非常精緻、也比較偏向寫實風格。在本章中，我們會深入淺出地講解 Midjourney 的基本使用方法、提示詞格式與各種進階應用，就算你沒有使用過類似的圖像生成軟體，也能夠簡單上手。準備好了嗎？馬上來試試看吧！

Tip

注意！在本書出版的當下，Midjourney 已經暫時取消 25 張的免費額度，目前須付費才能使用 (想免費測試看看 AI 圖像生成軟體的話，可以參考後續章節的 Leonardo)。Midjourney 一個月的費用為 10 (基礎版)、30 (標準版)、60 (進階版) 美金，一次購買整年則有 8 折優惠。基礎版每月約可生成 200 張圖像 (依算圖的複雜度會有些微差異)，標準版和進階版則無用量限制，並會加快圖像生成速度。如果使用量不高的話，基礎版提供的 200 張圖像就綽綽有餘了。

2-1 快速上手 Midjourney

Midjourney 需要搭配 Discord 來使用，Discord 是一個社群聊天軟體，使用者可以依主題參與或建立社群，若沒有 Discord 帳戶的讀者則需先進行註冊。

我們會在 MidJouney 官方社群的對話框上輸入描述圖像的 Prompt 來生成圖像，使用起來非常簡單，只要幾個步驟我們就能馬上開始生成令人驚豔的圖像，步驟如下：

搜尋 Midjourney 或輸入下方網址來進入 Midjourney 官網：

https://www.Midjourney.com/home/

點選 Join the Beta 快速開始：

▲ Midjourney 官網

接受 Discord 邀請：

▲ 進入到 Discord 的邀請畫面，**如果沒有 Discord 帳號則需先進行註冊**

STEP
04 進入 newbies 頻道：

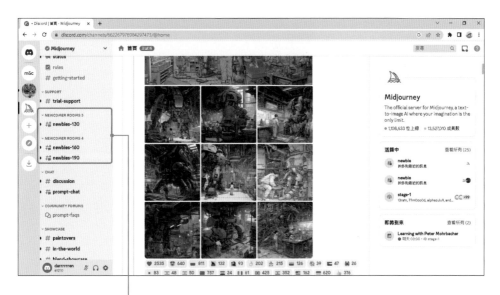

進入 Midjouney 的 Discord 主頁後，
點選左側任一 newbies 頻道

像 Midjouney 這類的 AI 圖像生成軟體，基本上都是採用 Text to image 的形式，我們
會使用文字提示 (Prompt) 來讓模型了解我們的想法，並以此生成圖像。Prompt 的形
式可以是一個名詞（例如，dog）、一句話（例如，dog is running across the grass）、
或是包含其他參數等更複雜的形式。在 Midjourney 的 Prompt 中，開頭格式為
/imagine prompt < 文字描述 >，我們後續會介紹更多 Midjourney Prompt 的進階用
法。

STEP
05 於對話框中輸入 Prompt：

Prompt 的開頭格式
必須要是 **/imagine
Prompt**

在對話框中輸入 **/
imagine** 後，會自動
跳出 **Prompt** 的選項

接著再輸入
文字描述

STEP 06 接受使用條款：

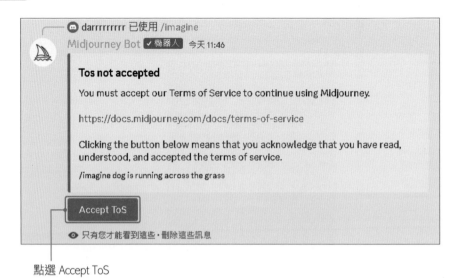

點選 Accept ToS

Tip

注意！第一次使用的讀者，應該會出現接受使用條款的訊息，沒有按的話就無法
生圖。若頻道的使用人數眾多時，訊息可能會很快被洗掉。這時可以重新輸入 /
imagine, 讓系統重發驗證訊息。

STEP 07 付費購買使用資格：

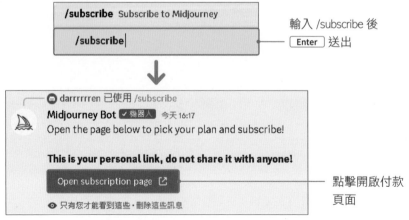

輸入 /subscribe 後
Enter 送出

點擊開啟付款
頁面

▲ 接下來 Midjourney 會發送訊息，點擊 Open subscription page

▲ 驗證訊息

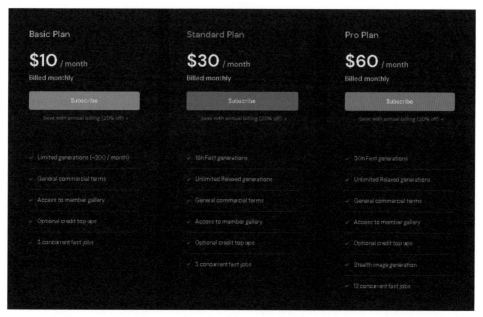

▲ 接著會進入到選擇付款方案頁面,如果只是想測試玩玩看的話,基礎版就非常
夠用了!但如果是要進行一些商業應用,例如 logo 生成,需要較多的測試圖像
跟調校,則建議購買標準版(一個月 30 美元)。

接下來填寫信用卡
付款資訊後，確認付
款後就能正常使用
Midjourney 了

STEP
08 開始使用並輸入 prompt：

◀ 回到 Midjourney
的 discord 頁面，輸入
prompt 就能開始生成
圖像了

◀ 送出訊息後，Midjourney 會開始生
成圖像，等待時間約 1 分鐘，圖像會
從模糊慢慢變清晰，並出現更多細節。

◀ 生成圖像後，我們可以在圖像
下方看到許多按鈕，按鈕上的數
字 (1 ~ 4) 分別對應圖像位置。

這邊我們點擊 U4 按鈕來
放大第 4 張圖，並生成更
多圖像細節

▲ 放大後的圖像

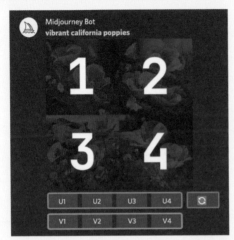

U1 U2 U3 U4：

點擊 U 系列的按鈕可以放大該對應的圖像，並生成更多圖像細節。

V1 V2 V3 V4：

點擊 V 系列的按鈕會生成對應圖像的變化版，新圖像的風格和構圖會有些微的變化（這邊不是更改 Midjourney 版本喔，別搞混了！）。

🔁 **：**

點擊 re-roll 按鈕會重新運行模型，產生完全不同的 4 張新圖像。

▲ 按鈕功能（圖像來源：Midjourney 官網）

在公開伺服器尋找之前的圖像

在 newbies 頻道中發送訊息時，如果頻道內的使用者眾多，發送的訊息可能很快就會被洗掉。這時可以點選右上角的收件匣，然後點選提及，就可以找到之前生成的圖像了！

❷ 點選提及　❶ 點選收件匣

從收件匣可以快速 ▶ 找到發過的訊息

與 Midjourney 的私人小天地

已經購買 Midjourney 付費版的讀者，可以在私人訊息中使用 Midjourney。這樣就不用再到公開伺服器與眾多用戶人擠人，也可以保有自己的隱私！進入私人訊息的步驟如下：

❶ 點選進入私人訊息

❷ 已經購買付費版的朋友，會發現 Midjourney Bot 自動加入進來了

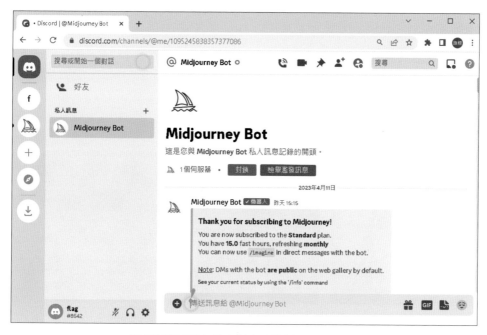

▲ 接下來就可以在私人訊息中使用 Midjourney 了！

Midjourney 的版本差異

Midjourney 推出至今，總共歷經了 6 個版本 (v1、v2…v5、v5.1)，各種版本的繪圖風格、圖像精細度、創意性皆不同。除此之外，Midjourney 還提供了專門繪製動漫風格的 Niji 4 和 Niji 5 版本。Midjourney 的預設版本為 v4，若想修改版本的話，只要在 prompt 的末尾輸入 --v <版本數字> 或 --niji <版本數字> 即可。例如，如果想讓所生成的圖像版本為 v5 的話，就輸入 --v 5 (注意中間要加空格)。

Midjourney 的版本

在最新的 v5 和 v5.1 版本中，不但可以生成更高清的圖像，也改善了 AI 不擅長畫手的毛病 (雖然有時候還是會出錯)。如果是想生成真人照片的話，建議使用 v5 版本。而最新的 v5.1 版本則是 v5 的創意版，在寫實風格的圖像上增加了 v4 版本的創意性。下圖為筆者輸入「Rock singer playing guitar」，各版本所生成的圖像。從圖中可以發現，v4 版本的手指出現了明顯的錯誤，而這個情況到了 v5 就改善許多。

▲ 前三個版本的所生成的圖像有點讓人摸不著頭緒，精緻度也普通

v4	v5	v5.1

▲ v4 版本為系列的一大躍進，有相當好的精緻度與創意性

▲ v5 版本更具寫實性，擅長繪製真人圖像

▲ v5.1 相當於 v4 及 v5 的混合版，在真人圖像的基礎上添加許多創意性

Niji 版本

　　如果是想生成**動漫風格**的話，那你一定不能錯過 Niji 版本。Niji 能夠生成非常精緻的動漫風格人物。Niji 4 較具有創意性，但從下圖中可以發現，生成的人物手指較常出錯。而 Niji 5 的圖像則較為穩定。

▲ Niji 4

▲ Niji 5

2-3 Midjourney Prompt 的進階用法

　　Prompt 也可以用中文輸入，但是經過測試，效果並不精準，所以建議用英文進行輸入。從表 2.1 中可以發現，Midjourney 在生成中文描述的圖像時，沒辦法精確地達到我們的要求。

◆ 表 2.1 不同 Prompt 所生成的圖像

/imagine Prompt ultra hd, animated colorful 17th century, vast sea, ship ashore at the break of dawn	/imagine Prompt futuristic trojan hoarse
	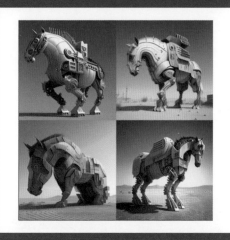
/imagine Prompt 動漫少女風格的高科技火車	/imagine Prompt 一碗泡麵，撐起了一本書

▲ 中文的 Prompt 明顯文不對題

　　Midjourney 的 Prompt 不只可以輸入文字描述，我們還可以輸入「圖像網址」，讓 Midjourney 產生類似風格的圖像，也可以使用參數來改變圖像的內容、尺寸，如下圖所示。

▼ Prompt 的用法（圖像來源：Midjourney 官網）。

圖像 Prompt　　　　文字描述 Prompt　　　　參數

　　Midjourney 的 Prompt 是由 3 個部分組成（圖像、文字描述、參數），詳細介紹如下：

圖像 Prompt

　　Midjourney 可以將多張圖像的風格結合，如下圖所示，但經筆者測試，有時候產出的結果較不穩定。另一種方法是上傳 1 張圖像，並搭配文字 Prompt 來產生想要的風格。

▲ 圖像風格結合（圖像來源：Midjourney 官網）

圖像 Prompt 允許我們加入 1 到 5 張圖像 (不建議同時融合太多圖像)，只要點擊對話框中的加號並選擇上傳文件，就可以將本機位置的圖像上傳，步驟如下：

STEP
01 　上傳檔案：

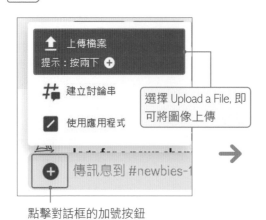

選擇 Upload a File, 即可將圖像上傳

點擊對話框的加號按鈕

▲ 上傳後的圖像會出現在對話框中

STEP
02 　複製圖像網址：

▲ 送出對話後，圖像會出現在 discord 的訊息中，點擊圖像即可放大

放大圖像後按右鍵，接著選擇複製圖像位址

STEP
03 貼到對話框中並輸入文字 prompt：

> /imagine | prompt | https://media.discordapp.net/attachments/1008571232771375236/1090116527187034182/Chat.jpg?width=815&height=611

▲ 輸入 /imagine prompt 後，將複製的圖像網址貼到對話框中，然後在網址
後面輸入**半型逗號「,」**，接著輸入**文字描述 Prompt** 來生成新圖像

▲ 在這個範例中，我們輸入了 colorful , cloudy day , rainstorm , thunder 等提示詞，可以
看到 Midjourney 會保留原圖主題並加入我們的新創意

　　另一個簡單上傳圖像的方法是使用 /blend 指令，Midjourney 會融合圖
像的效果。但這種方法只能輸入兩張以上的圖像（無法單張圖加上文字描
述），步驟如下：

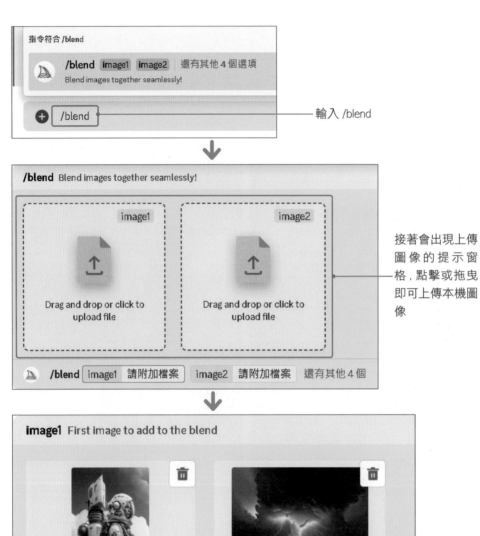

輸入 /blend

接著會出現上傳圖像的提示窗格，點擊或拖曳即可上傳本機圖像

▲ 我們同樣上傳了剛剛的太空人照以及閃電圖像，測試看看會融合出什麼樣的效果

▲ Midjourney 完美融合了圖像風格，如果覺得文字效果不好的話，不妨試試這個方法。建議兩張圖的元素不要太混雜，否則效果可能較不穩定

使用 /describe 反查圖像描述

在 Midjourney V5 版本中，更新了一項新的功能，就是使用者可藉由上傳圖像來反查圖像的「文字描述」。如果在網路上看到不錯的圖像，可以使用這個功能來查詢可能的 Prompt。步驟如下：

→ 接下頁

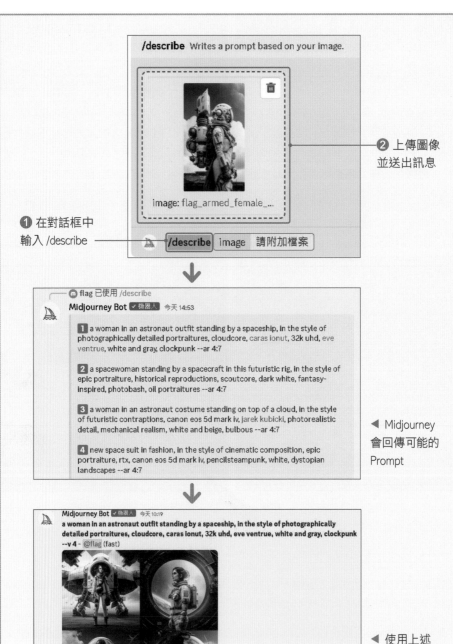

/describe Writes a prompt based on your image.

image: flag_armed_female_...

① 在對話框中
輸入 /describe

/describe image 請附加檔案

② 上傳圖像
並送出訊息

flag 已使用 /describe

Midjourney Bot ✓ 機器人 今天 14:53

1 a woman in an astronaut outfit standing by a spaceship, in the style of photographically detailed portraitures, cloudcore, caras ionut, 32k uhd, eve ventrue, white and gray, clockpunk --ar 4:7

2 a spacewoman standing by a spacecraft in this futuristic rig, in the style of epic portraiture, historical reproductions, scoutcore, dark white, fantasy-inspired, photobash, oil portraitures --ar 4:7

3 a woman in an astronaut costume standing on top of a cloud, in the style of futuristic contraptions, canon eos 5d mark iv, jarek kubicki, photorealistic detail, mechanical realism, white and beige, bulbous --ar 4:7

4 new space suit in fashion, in the style of cinematic composition, epic portraiture, rtx, canon eos 5d mark iv, pencilsteampunk, white, dystopian landscapes --ar 4:7

◀ Midjourney
會回傳可能的
Prompt

Midjourney Bot ✓ 機器人 今天 10:19
a woman in an astronaut outfit standing by a spaceship, in the style of photographically detailed portraitures, cloudcore, caras ionut, 32k uhd, eve ventrue, white and gray, clockpunk --v 4 - @flag (fast)

◀ 使用上述
Prompt 來生圖,
有機會生成與
原圖相似的圖像

文字描述 Prompt

在輸入文字描述 Prompt 時，建議給予清楚、具體的「**英文**」描述。在 MidjourneyV4 以前的版本中，由於模型較難理解長句子，所以通常會使用「半形逗號」來分隔每個單詞，而且這種方法能夠有效地加強每個字的影響力；而在 MidjourneyV5 版本中，就算使用自然通順的描述語句也會有不錯的效果。

另外，盡量不要使用曖昧不明的形容詞及複數詞，例如，「gigantic」會比「big」來得更明確、「flock of birds」也會比「birds」更好。在給予文字描述前，建議可以在心中想像下列的的圖像細節，並用具體的形容詞來描述：

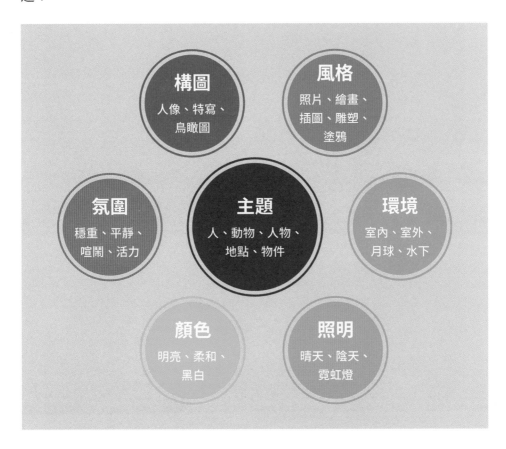

舉例來說，如果我們想生成一張「釣魚老翁的古風畫」，我們可以依序想像圖像的主題為 Old man fishing、風格 Chinese painting、環境 Outdoors、照明 Sunny、顏色 Black and White、氛圍 Warm、構圖 Landscape。將這幾個圖像細節輸入 Midjourney 後，所生成的圖像會比較符合我們的想像，也能更容易掌控所生成的圖像風格。

◆ **Midjourney Prompt：**

/image prompt Old man fishing, Chinese painting , Outdoors ,Sunny ,Black and White, Warm, Landscape

● **輸出圖像：**

▲ 釣魚老翁的古風畫

在 Midjourney 中，我們可以在關鍵詞後加上「**::< 數值 >**」來改變關鍵詞的權重。例如我們希望在剛剛釣魚老翁的圖上加入更多「山」的元素，並以其為主角，可以在剛剛的 Prompt 中加入「**mountain::2**」來增加山的權重，範例如下。

◆ **Midjourney Prompt：**

/image prompt mountain::2 ,Old man fishing, Chinese painting ,
Outdoors ,Sunny ,Black and White, Warm, Landscape

● **輸出圖像：**

▲ 圖 2.35 變成山的古風畫了，釣魚老翁只是配角

「::」也可以用來移除圖像中不想要的元素，如果我們不希望在圖中出現「樹木」，可以在剛剛的 Prompt 中加入「tree::-0.5」，修改如下。

◆ **Midjourney Prompt：**

/image prompt **mountain::2** , **tree::-0.5**,Old man fishing, Chinese painting , Outdoors ,Sunny ,Black and White, Warm, Landscape

● **輸出圖像：**

▲ 圖 2.36 圖像中的樹都消失了！

參數設置

參數可以幫助我們限定圖像的生成結果，例如，影像尺寸、品質或創意性。通常會添加在 Prompt 的尾端，有一點需要注意的是，在 Midjourney 中各版本的可用參數會不太一樣。以下我們列出幾種常用的參數及範例應用：

◆ 表 2.2 Midjourney 參數

參數	說明
--v <1, 2, 3, 4, 5>	更改 Midjouney 版本，預設為 --v 4。建議使用 v4 或 v5 版本 (前三版大概是小畫家等級)
--aspect < 長 : 寬 > (也可用 --ar)	更改生成圖像的長寬比
--chaos < 0 - 100>	改變生成圖像的變化程度。數值越高，生成圖像越有創意或出乎意料
--no < 物件 >	加入不想在圖像中生成的要素，例如輸入 --no plants 就不會在圖像中出現植物 (與 ::-0.5 相同)
--q <0.25, 0.5, 1, 2>	值愈高影像的品質越好，但需要更長的計算時間
--seed < 0 - 4294967295>	每次模型運算，都會產生不同的結果，這個參數可以固定隨機變數，讓產生的結果一致
--stop < 10 - 100>	讓模型提前停止運算的百分比，越早停止會產生越模糊的結果
--style <4a, 4b , 4c>	切換 Midjourney 模型風格 (v4 版本可用，影響效果其實不大)
--stylize <0-1000>	關鍵詞相關性，值越小與輸入詞越匹配，越大則較有創意
--uplight	選擇 U 按鈕時，放大的圖像所添加的細節較少，較接近原始版本
--upbeta	選擇 U 按鈕時，放大的圖像幾乎不添加細節，更接近原始版本
--tile	拼接圖 (v5 版本可用)
--iw <0.5-2>	使用圖像 + 文字 prompt 時，圖像的影響程度 (v5 版本可用)

◆ 表 2.3 不同參數會改變圖像的生成結果

Cyber shark **--ar 16:9**

Cyber shark **--ar 1:1**

Space dog **--chaos 0**

Space dog **--chaos 100**

Hailstone fox **--stop 50**

Hailstone fox **--stop 75**

Electric jellyfish **--style 4a**

Electric jellyfish **--style 4c**

Iceberg bunny **--stylize 0**

Iceberg bunny **--stylize 800**

❀ 輸入 /settings 來修改預設參數

還有另一種方便使用參數的做法，就是在對話框中輸入 **/settings**，系統會自動跳出預設參數選項，我們可以依據自己的喜好來修改預設參數。例如，我們可以選擇 MJ version 5，這樣以後生成圖像時都會使用 v5 版本了！

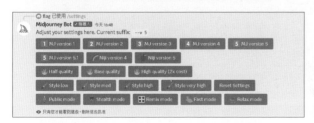

◀ 可以在對話框中，輸入 **/settings** 來輕鬆改變我們的預設參數

2-4 搭配 ChatGPT 來生成 Prompt

　　如前所述，Midjourney 在處理中文 Prompt 時表現有所落差，且就算是輸入英文，描述不清的話也會使所生成的圖像沒辦法達到我們的理想。這時，ChatGPT 是我們的好幫手，使用得當的話，可以讓我們更好地掌握生成的圖像構圖、風格、尺寸，達到事半功倍的效果。最簡單的使用方法，就是訓練 ChatGPT 成為 Prompt 生成器，讓 ChatGPT 幫我們將中文描述轉換為詳盡的 Prompt。

STEP 01 搜尋 ChatGPT 或輸入以下網址進入 ChatGPT 官網：

https://openai.com/blog/chatgpt

STEP 02 登入或註冊 ChatGPT 帳號：

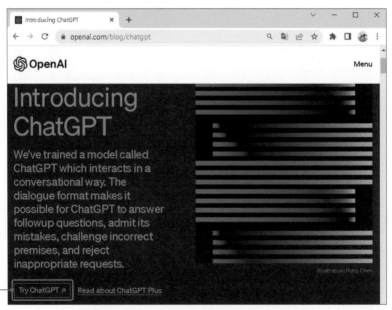

▲ 進入 ChatGPT 官網後，點擊「Try ChatGPT」

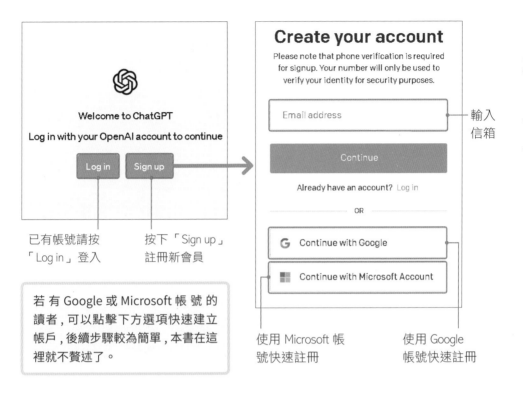

輸入
信箱

已有帳號請按
「Log in」登入

按下「Sign up」
註冊新會員

使用 Microsoft 帳
號快速註冊

使用 Google
帳號快速註冊

若有 Google 或 Microsoft 帳號的
讀者，可以點擊下方選項快速建立
帳戶，後續步驟較為簡單，本書在這
裡就不贅述了。

輸入文字

▲ 成功登入後，應該會出現以上畫面，在對話框中輸入文字就可以開始與 ChatGPT 聊天了

將下列語句輸入至 ChatGPT 的對話框中（可開啟檔案 Prompt-Midjourney 來複製）：

你現在是一個 幫助我進行Prompt生成的AI。你會將Concept轉換為可供「圖像生成AI」使用的Prompt。Prompt要使用明確且具體的形容詞，並用「，」來分隔，提供Prompt後，請詢問使用者是否希望為該Concept提供三個不同的Prompt，或者是否進行修改。以下是一些範例：

Concept: 太空中的蘋果
Prompt: a cluster of ripe apples floating weightlessly in the vastness of space, by Sarah Lee, space art competition winner, vivid colors, high contrast, deep shadows, matte finish, crisp textures, interstellar background, a burst of freshness amidst the cold vacuum, spherical shapes, shiny skin, variety of shades, ready to be picked by astronauts on a long journey -ar 3:2 -chaos 80 -no sun

Concept: 台北西門町的街頭
Prompt: A bustling street view of Ximending, Taipei, by Jason Chen, street photographer, vibrant atmosphere, neon lights, diverse crowds, dynamic energy, urban landscape, traditional shophouses, modern high-rises, lively storefronts, delicious food vendors, hip fashion boutiques, artistic graffiti, bustling night market, a perfect blend of traditional and contemporary Taiwanese culture -ar 16:9 -chaos 40

Concept: 淡水河景
Prompt: A serene night view of Tamsui River, by Hans Schwarz, landscape photographer, peaceful atmosphere, moonlit sky, glittering lights from the cityscape, shimmering reflections on the water, silhouettes of boats and ships, gentle ripples of the river, quiet riverbanks, cool breeze, distant sound of the waves, a perfect spot for a romantic evening stroll. -ar 1:1 -chaos 70

如果你了解了，請等待我輸入Concept。

可加入至
訓練命令中

另外，我們也可以把參數規則加入到訓練命令中（可設置於範例之後），讓 ChatGPT 依據規則設置參數：

參數規則:
--ar <長：寬> ：更改生成圖像的長寬比
--chaos < 0-100> ：數值越高，生成圖像越有創意或出乎意料
--no <物件> ：加入不想在圖像中生成的要素
--q <0.25, 0.5, 1 > ：值愈高影像的質量越好

輸入想生成的圖像概念到 ChatGPT 中：

 Concept: 沙漠中的駱駝，但不要出現仙人掌，希望圖像品質為1

Prompt: A group of camels gracefully traversing the desert sands, by James Smith, wildlife photographer, golden sand dunes, warm tones, clear blue sky, gentle breeze, camel caravan, strong and enduring animals, adapted to harsh conditions, soft shadows, detailed fur texture, long eyelashes protecting their eyes, arid landscape –ar 3:2 –chaos 50 –no cactus –quality 1

請問您對於這個Prompt滿意嗎？還是希望我為您提供三個不同的Prompt，或者進行修改？

▲ ChatGPT 已經變成了 Prompt 生成器了！
並且自動幫我們設置 --ar --chaos 50 -no cactus --quality 等參數

　　如果不滿意所生成的圖像風格，有很多網站提供其他人所生成的圖像及所使用的 Prompt，我們可以使用其他人的 Prompt 來更改 ChatGPT 的訓練範例，讓所生成的圖像風格跟其他人的風格較為相像。

　　舉例來說，如果我們在網路上找到一張非常喜歡的卡通風格圖，並且作者有附上所使用的 Prompt (如果沒有的話，可以試試看 **/describe** 功能來查找可能的 Prompt)。接著，把這段 Prompt 修改為 ChatGPT 的訓練範例 (可開啟檔案 Prompt-Midjourney 卡通風格來複製)，如下所示：

你現在是一個幫助我進行Prompt生成的AI。你會將Concept轉換為可供「圖像生成AI」使用的Prompt。Prompt要使用明確且具體的形容詞，並用「，」來分隔。以下是範例：

Concept: 小男孩與小馬
Prompt: children's book illustrations, young boy with short blonde hair wearing a green shorts and sandals, walking with his pet pony, the pony has brown fur, the boy is holding a kite, pastel colors, 2D --stylize 200 --quality 1.5

參數規則：
--ar <長:寬> ：更改生成圖像的長寬比
--stylize <0-1000>：圖像風格

```
--chaos < 0-100>: 數值越高，生成圖像越有創意或出乎意料
--no <物件>: 加入不想在圖像中生成的要素
--q <0.25, 0.5, 1 ,2> : 值愈高影像的質量越好
```

如果你了解了，請等待我輸入Concept。

然後將想生成的概念輸入到 ChatGPT 中：

釣魚的小女孩,希望圖片風格跟範例相同

好的，這是釣魚的小女孩的Prompt：

fishing illustration, young girl with curly brown hair wearing a yellow raincoat and boots, standing on a wooden dock with a fishing rod in her hand, the water is calm and clear with fish jumping out of the water, the girl has a smile on her face, pastel colors, 2D --stylize 200 --quality 1.5

▲ 這邊我們輸入「釣魚的小女孩,希望圖像風格跟範例相同」,ChatGPT 會回覆給我們類似風格的 Prompt

最後，將這段 Prompt 丟到 Midjourney 中，我們得到了下表的圖像。雖然風格還是有點差異，但已經相去不遠了！

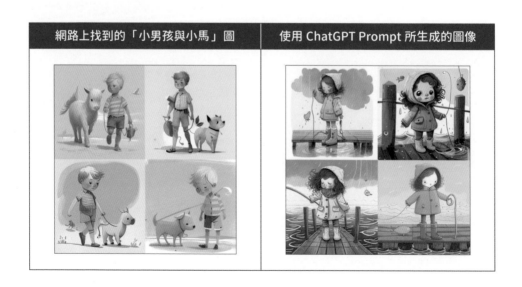

| 網路上找到的「小男孩與小馬」圖 | 使用 ChatGPT Prompt 所生成的圖像 |

✲ Prompt 資源

Prompt 的相關資源非常多，我們可以到下網站來搜尋想要的圖像風格，然後修改 ChatGPT 的訓練範例，讓 ChatGPT 產生不同繪圖風格的 Prompt。

Prompt hero 網址：https://prompthero.com/

Lexica 網址：https://lexica.art/

Stable
Diffusion

Stable Diffusion 是一款公開原始碼的擴
散模型,任何人都可以對模型進行微調
(fine-tune) 或是使用自己的資料集來訓
練,所以我們在網路上可以找到其他人分
享出來的不同版本,每種版本所生成的
圖像風格都不同(如,寫實、動畫風、藝
術繪圖)。與其他 AI 影像生成軟體不同
的是,Stable Diffusion 的繪圖風格非常
多樣!還等甚麼呢?讓我們建構自己的
Stable Diffusion 吧!

Stable Diffusion
所生成的圖像

Stable Diffusion 是由 StabilityAI、Runway 與慕尼黑大學團隊 CompVis 所研發，並公開原始碼至網路上。由於其開源的特性，網上高手們為其開發了許多外掛，包括設計使用者操作介面、微調不同畫風的模型、增加控制人物姿勢等眾多功能。StabilityAI 也有推出官方版本的 **DreamStudio,** 但比起一堆擴增功能的 Stable Diffusion 來說，使用上較為陽春且需額外付費 (10 美元約可算 5,000 張圖)。

有兩種方法可以讓我們使用 Stable Diffusion，一種是在自己的電腦上安裝，但需要較高的硬體配置 (NVIDIA 4GB 以上的獨顯、RAM 8G 以上)，且建構起來相當麻煩並需要手動更新；另一種方式則是直接在 Google Colab 上運行，不僅不會用到本機資源 (筆電或手機也能輕鬆算圖)，貼心的 Github 大神們也會即時安裝最新的外掛。因此，本書建議使用 Google Colab 來運行 Stable Diffusion。

Tip

Google Colab 是由 Google 所推出的雲端虛擬主機，不需進行任何設定就可以透過瀏覽器執行 Python 程式。許多程式高手會分享他們在 Colab 上建構的程式碼，讓使用者可以一鍵輕鬆運行。很可惜的是，在本書出版的當下，**Colab** 限制了免費使用者的算圖用量 (約算個 1～2 張就會中斷連線)。如果想使用 Stable Diffusion 的讀者，建議可以購買 Colab 100 個運算單元，約可連續算圖 60 小時。

3-1 在 Google Colab 上使用 Stable Diffusion

在 Google Colab 上運行 Stable Diffusion 的方法非常簡單，我們不用在本機上安裝任何程式，也不佔電腦資源，並且可以在各種作業系統上運行！這個專案的程式碼是由 camenduru 所創建，並在 Github 上獲得 5.3k 顆星的評價，主要執行步驟如下。

STEP 01 開啟下方 Github 網址：

https://github.com/camenduru/stable-diffusion-webui-colab

選擇模型版本：

點擊任一模型的 stable 版本後，即可進入 Colab 頁面

🍩 Colab

lite	stable	nightly	Info - Token - Model Page
lite	stable	nightly	stable_diffusion_webui_colab CompVis/stable-diffusion-v-1-4-original
lite	stable	nightly	waifu_diffusion_webui_colab hakurei/waifu-diffusion-v1-3
lite	stable	nightly	stable_diffusion_inpainting_webui_colab runwayml/stable-diffusion-inpainting
lite	stable	nightly	stable_diffusion_1_5_webui_colab runwayml/stable-diffusion-v1-5
lite	stable	nightly	mo_di_diffusion_webui_colab (Use the tokens `modern disney style` in your prompts for the effect.) nitrosocke/mo-di-diffusion
lite	stable	nightly	arcane_diffusion_3_webui_colab (Use the tokens `arcane style` in your prompts for the effect.) nitrosocke/Arcane-Diffusion
lite	stable	nightly	cyberpunk_anime_diffusion_webui_colab (Use the tokens `dgs illustration style` in your prompts for the effect.) DGSpitzer/Cyberpunk-Anime-Diffusion
lite	stable	nightly	midjourney_v4_diffusion_webui_colab (Use the tokens `mdjrny-v4 style` in your prompts for the effect.)

▲ 進入 Github 後往下滾動，可以看到上百個不同模型的 Colab 連結，不同模型所使用架構跟訓練樣本有所差異，生成的圖像風格也不同。**稍後我們會用 Deliberate 模型進行示範，可以先按「 Ctrl + F 」並輸入「 Deliberate 」來搜尋此模型**

◆ **表 3.1 不同模型的繪圖風格**

STEP 03 > 登入 Google 帳號並運行：

❷ 點擊運行

❶ 登入 Google 帳號

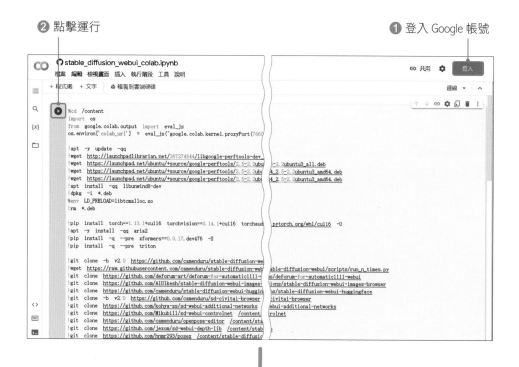

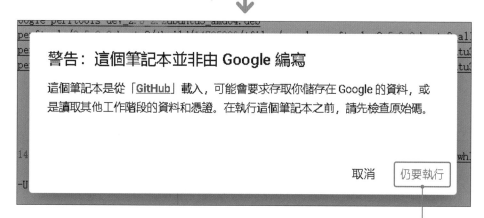

❸ 接著會跳出警告訊息，點擊仍要執行（對安全性有疑慮的讀者，建議可以建立新的 Google 帳號）

```
Status Legend:
(OK):download completed.

Download Results:
gid   |stat|avg speed  |path/URI
======+====+===========+==========================================================
465de0|OK  |   235MiB/s|/content/stable-diffusion-webui/extensions/sd-webui-controlnet/models/control_o

Status Legend:
(OK):download completed.

Download Results:
gid   |stat|avg speed  |path/URI
======+====+===========+==========================================================
5f1446|OK  |   237MiB/s|/content/stable-diffusion-webui/extensions/sd-webui-controlnet/models/control_s

Status Legend:
(OK):download completed.

Download Results:
gid   |stat|avg speed  |path/URI
======+====+===========+==========================================================
3fad01|OK  |   220MiB/s|/content/stable-diffusion-webui/extensions/sd-webui-controlnet/models/control_s

Status Legend:
(OK):download completed.
```

▲ 點擊 ▶ 按鈕或按 `ctrl` + `F9` 後，程式會開始運行，耗時約 10~20 分鐘

✽ 不使用時如何中斷連線

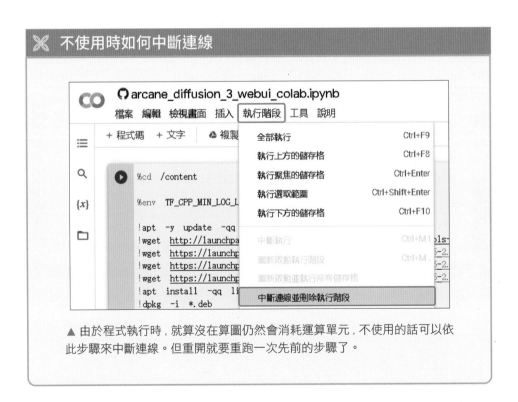

▲ 由於程式執行時，就算沒在算圖仍然會消耗運算單元，不使用的話可以依此步驟來中斷連線。但重開就要重跑一次先前的步驟了。

```
Applying xformers cross attention optimization.
Textual inversion embeddings loaded(0):
Model loaded in 48.0s (calculate hash: 25.6s, load weights from disk: 7.5s, create model: 13.6s, apply weig
*Deforum ControlNet support: enabled*
Image Browser: Creating database
Image Browser: Database created
Public WebUI Colab remote.moe URL: http://dwabfhb32ky57gjw42ww4ygyisohpacladfq2uxtnojvfn3dlgog.remote.moe
Public WebUI Colab cloudflared URL: https://printers-charming-projected-messenger.trycloudflare.com
```

▲ 點擊任一個連結，就可以開始使用 Stable Diffusion 了，這個連結可以分享到你的其他裝置，任何設備都可以使用這個連結來開啟 Stable Diffusion。

Tip

若未購買 Colab 運算單元的話，程式可能無法順利運行。

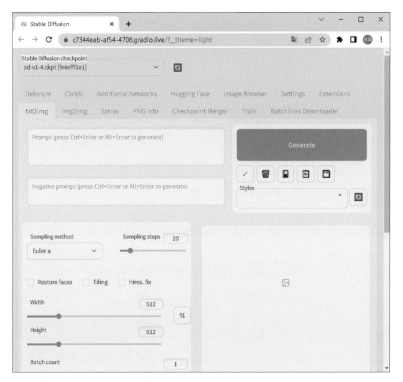

▲ 大功告成！是不是很簡單。我們已經成功開啟 Stable Diffusion 的 webui 頁面了！
另外，讀者這邊顯示的頁面應為深色，我們為了更好地在書中展示，所以調整為淺色

如前所述，Stable Diffusion 是一款開源軟體，任何人都可以對其原始碼進行修改或擴充。我們目前所使用的這個介面稱之為 **webui**，它是 Github 大神 automatic1111 將各種 Stable Diffusion 的外掛整合研發而成，並提供使用者更方便使用的操作介面。

3-2 文生圖 (txt2img) 使用方法

接著，我們會介紹 Stable Diffusion 最基礎的兩個功能－txt2img 和 img2img。與 Midjourney 類似，Stable Diffusion 允許我們使用文字描述或使用原有圖像風格來產生新圖像。但 Stable Diffusion 在使用上並沒有 Midjourney 那麼簡單，初學者可能會對 webui 的頁面感到很混亂。不用擔心，我們接下來會循序漸進地介紹各種功能，熟悉之後你就會漸漸發現 Stable Diffusion 的強大之處。

輕鬆上手文生圖

STEP
01 進入文生圖頁面：

點選 txt2img 標籤即可使用文生圖功能

Prompt 輸入區

功能區選項

生成圖片區

▲ txt2img 的介面主要分成三大區域。稍後我們會對 **Prompt** 跟**功能區選項**詳細介紹

STEP 02 功能區選項調整，**可先維持預設值**，不影響生圖的內容：

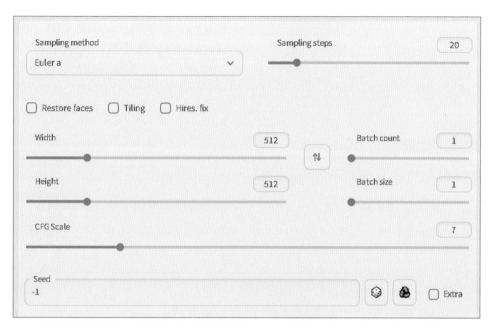

▲ 功能區的選項看起來非常複雜，這邊的調整可以先跳過沒關係，我們之後會更詳細地介紹

STEP 03 輸入 Prompt 並生成圖像：

▲ 與 Midjourney 一樣，輸入任意的提示詞就可以開始產生圖片了！剛開始所生成的圖像精緻度可能較差，不過別擔心，Stable Diffusion 最擅長的就是能夠駕馭多種圖像風格，且可調整的選項非常多

Prompt 格式

在 Stable Diffusion 中 , Prompt 的規則和 Midjourney 有所差異。我們在這邊統整了一些常用的 Prompt 輸入規則 , 如下所示 :

1. Stable Diffusion 會使用**正向表列(Prompt)**和**負向表列(Negative Prompt)**, Negative Prompt 可以移除掉不需要的畫風、物件或結構。

2. 越前面的關鍵詞權重越高。

3. 關鍵詞之間一般用**半形逗號**來分隔 , 也可以使用「+」和「|」,「+」通常連接短關鍵詞 ;「|」則是融合符號 , 用於循環繪製效果 (例如輸入 black T-shirt | green T-shirt 會生成黑綠相間的衣服)。另外 , 空格和換行不會影響關鍵詞的權重。

4. 與 Midjourney 類似 , 可以在關鍵詞的後面加上「**:<數值>**」來改變權重。另外 , 對**關鍵詞加上括號 ( ) 可以增加權重為 1.1 倍 ; 而方括號 [ ] 則會減少權重為 0.91 倍**。

接下來 , 我們會對以上規則舉一些範例 , 讓你更加了解 Prompt 對於所生成的圖片有多大的影響。在這邊 , 我們使用了 Stable Diffusion 中一個非常強大的模型-Deliberate, 而以下的圖片皆是使用 Deliberate 繪製出來。

首先 , 我們在 Prompt 框中輸入「**8k portrait of beautiful cyborg , brown hair, intricate, elegant**」等提示詞 , 生成的圖片如下所示 (這邊設定 Seed : 4172451091。如果沒有固定 Seed, 每次所生成的圖片都會不同 , 後續會介紹如何設定 Seed)。

▲ Prompt：8k portrait of beautiful cyborg , brown hair, intricate, elegant

因為我們不希望生成出來的女機器人臉部
被遮擋，加入 (disfigured) 的負向提詞

▲ Prompt：8k portrait of beautiful cyborg , brown hair, intricate, elegant
Negative Prompt：**(disfigured)**

將 brown hair 改成 brown hair | yellow hair 達到頭髮顏色的交互繪製效果

▲ Prompt：8k portrait of beautiful cyborg , **brown hair | yellow hair**, intricate, elegant
Negative Prompt：(disfigured)

在 beautiful cyborg 和 elegant 加上雙括號 (), 強化機器人和優雅等元素

▲ Prompt：8k portrait , **((beautiful cyborg))** , brown hair | yellow hair, intricate, **((elegant))**
Negative Prompt：(disfigured)

機器人的臉太西方了，加入
taiwan 來繪製亞洲臉孔

▲ Prompt：8k portrait , ((beautiful cyborg)) , brown hair | yellow hair, intricate, ((elegant)) , **Taiwan**
Negative Prompt：(disfigured)

　　簡單的幾個步驟，我們就能創造一幅幅精美的圖像了！閱讀到這邊的讀者，可以發揮你們的想像力，為機器人加入更多背景或動作細節。接下來，我們會介紹 Stable Diffusion 的功能區選項，讓你能對所生成的圖片進行更多細節上的調整。

功能區選項

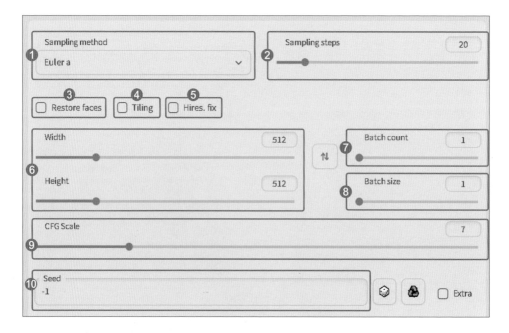

① 圖像採樣處理，影響圖像風格
② 採樣步數，值越高會增加採樣處理的影響程度
③ 臉部修正
④ 圖像拼接，如磁磚圖
⑤ 高品質圖像，會花費較久時間運算
⑥ 圖像尺寸
⑦ 每次輸出圖像張數（一次算幾張）
⑧ 每次輸出批次（共算幾次）
⑨ Prompt 相關性
⑩ 隨機種子設定

　　筆者認為，生成圖像的過程像在抽獎，而善用這些功能區選項可以提升我們抽到大獎的機率。這些功能區選項不管是 txt2img 或 img2img 都可以使用，以下我們會介紹幾種常用的功能區選項：

● Sampling（採樣方法）& Sampling step（採樣步數）：
　　這兩個選項是指生成圖像過程中處理雜訊的設定，其中採樣方法會影響圖像的風格；採樣步數越多則通常越細緻（但時間會更長）。因本書非模型原理專書，在這邊就不多加著墨了。以下我們列出了幾種採樣方法所生成的圖像。

▲ Euler a

▲ LMS

▲ DPM2 a

▲ DPM fast

▲ DPM++2S a Karras

▲ DPM++2M Karras

▲ 採樣方法會影響模型所生成的圖像風格。採樣步數通常會設置在 **20~30**。如果對於所生成的圖像不甚滿意，不妨換個採樣方法和調整採樣步數試試。

- restore faces（臉部修正）：

  勾選 restore faces 後，能讓生成的人物圖像「臉部」較不容易出現扭曲、歪斜的狀況。因為會增加運算負擔，所以建議當出現臉部失真後再勾選。

- Hires, fix（高品質圖像）：

  勾選後所生成的圖像會有較多的細節，同樣會增加運算負擔並降低速度。建議當抽到不錯的圖片時，先固定稍後會介紹的 Seed，再勾選 Hires, fix 並重新算圖。

- Width（圖像寬度）& Height（圖像高度）：

  預設為 512*512（像素），使用者可以自行調整影像尺寸。如果你發現圖像發生破圖、失真（例如，人像變成水桶腰或臉部歪斜、多臉等狀況），這時對圖像的長寬進行調整會有不錯的改善。

- Tiling（拼接圖）：

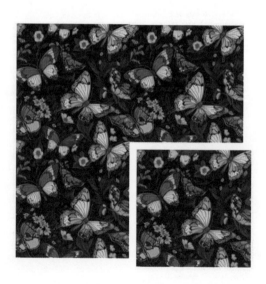

▲ Tiling 為拼接圖，勾選後可以讓所生成的圖片無縫接軌，這代表我們可以拿所生成的圖像不斷複製貼上成更大的新圖像。這在設計建築材質、地毯或服裝時是一個非常好用的功能。

▲ 各種不同的拼接圖

- batch count（輸出張數）& batch size（輸出批次）：

  batch count 為每次生成圖片時所生成的圖像張數；而 batch size 則是會進行多次算圖。簡單來說，就是**一次算幾張**跟**共算幾次**的差別。每次算圖都是加入隨機雜訊的過程，所以 batch size 會產生更高的隨機性。因為我們使用 Colab 來建構 Stable Diffusion（GPU 算力大約是中等偏上），這邊**建議將 batch count 設置為 2 或 4，而 batch size 設置為 1**。

- **CFG（縮放因子）：**

  CFG 為 Prompt 的影響程度，與 Midjourney 的 stylize 類似。CFG 的值越高，所生成的圖像會越符合文字描述；若值越小，模型則會加入自己的創意。下圖為輸入「**female, student , blue suit, long straight hair, beautiful face**」等提示詞所產生的圖像。

CFG7　　　　　　　　　　　　　　CFG13

▲ 當我們 CFG 值設定為 13 時，生成的圖片更符合 **student**、**blue suit**、**long straight hair** 等提示詞，而 CFG 為 7 時，模型則忽略了「**long straight hair（長直髮）**」和「**blue suit（藍色西裝）**」等要素

● Seed（隨機種子）：

AI 繪圖軟體在生成圖像時，就算輸入相同的 Prompt，每次所生成的圖像都不會相同。而固定 Seed 則可以讓圖像的生成方式穩定下來，讓所生成的圖像相同。這在慢慢調整影像時（例如，影像構圖、焦距、角度或加入物件時）非常有用！但要注意的是，當我們修改 Prompt 或參數，有時會讓圖像產生非常大的變化，例如人物長得完全不一樣。如果要解決這個問題，勢必要訓練出一個專屬的 **Lora** 模型（我們會在第 8 章詳細介紹）。

循環按鈕（固定圖像）

骰子按鈕（隨機圖像）

▲ 如果想要讓每次產生的圖片有所變化，只要點選圖中的 **骰子按鈕**，讓 Seed 值變成「-1」，這樣模型在生成圖像時，每次都會添加不同的創意（更多隨機性）。而當你抽到一幅還不錯的圖像時，如果想要慢慢修改圖像細節，可以點選圖中的 **循環按鈕**，這樣就能讓每次生成的圖像相同

3-3 圖生圖 (img2img) 使用方法

img2img 讓我們透過擴增原圖風格的方式來產生新圖像。相信閱讀到這邊的讀者肯定很熟悉圖生圖的概念了。接下來，我們會一步一步詳細介紹如何在 Stable Diffusion 中使用圖生圖的功能。

輕鬆上手圖生圖

STEP
01 進入圖生圖頁面：

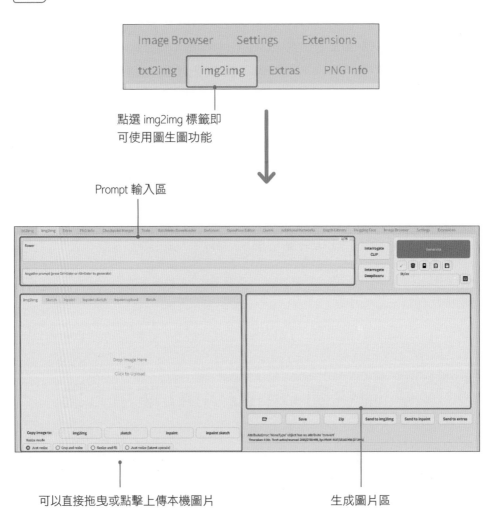

Image Browser   Settings   Extensions

txt2img   img2img   Extras   PNG Info

點選 img2img 標籤即
可使用圖生圖功能

Prompt 輸入區

可以直接拖曳或點擊上傳本機圖片   生成圖片區

STEP 02 上傳圖片：

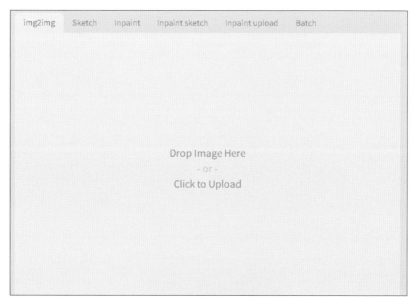

▲ 拖曳或點選來上傳圖片

▲ 範例中我們上傳一張男孩看海的圖片

調整功能區選項：

圖像縮放模式

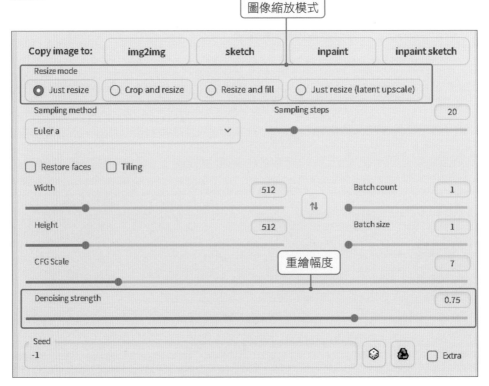

▲ 圖生圖功能區基本上與文生圖功能區相同，但多了 Resize mode（圖像縮放模式）和 Denoising strength（重繪幅度），稍後會詳細介紹

STEP
04
反查 Prompt 並生成圖片：

❷ 修改 Prompt。這邊我們將 Prompt 中的女孩改成男孩，陰天改成晴天

❶ 點選可以反查此圖的 Prompt（類似 Midjourney 的 **/describe** 功能）

❸ 生成圖片（開始抽獎）

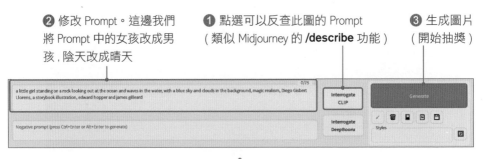

▲ 生成的圖片會出現在 webui 的右下角。基本上沒有辦法一次就生成完美的圖像，此時需要反覆測試並對 **Prompt** 或**功能區選項**進行調整，這個過程類似於抽獎，直到產生滿意的圖像為止

圖像縮放

　　在圖生圖功能區中，我們可以自行設定生成圖像的「寬和高」，而縮放模式共有 4 種，分別是**拉伸、裁剪、填充**及**調整大小**。這 4 種模式會對生成的圖片產生大幅度的影響，讓我們跟著步驟一一來介紹吧！

STEP 01 調整縮放尺寸：

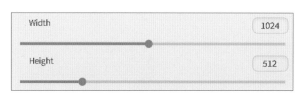

▲ 延續「男孩看海圖」的範例，將圖像尺寸調整為 1024*512

STEP 02 選擇圖像縮放模式：

拉伸　　　　裁剪　　　　填充　　　　調整大小

以下為 4 種縮放功能介紹：

● **Just resize(拉伸)：**

▲ 原圖 (512*512)

▲ 拉伸 (1024*512)

拉伸功能如同字義，會直接將圖片拉伸至指定尺寸並重新算圖，景物大致不變

- ## Crop and resize (裁剪) :

▲ 原圖 (512*512)

▲ 裁剪 (1024*512)

裁剪功能會先對原圖進行裁剪,然後等比例放大算圖,景物有所刪減

● Resize and fill（填充）：

▲ 原圖 (512*512)

▲ 填充 (1024*512)

填充功能會將原圖尺寸不足的地方進行重新繪圖，景物有所增加

● Just resize-latent upscale (調整大小)：

▲ 原圖 (512*512)

▲ 調整大小 (1024*512)

調整大小功能與拉伸類似，但會添加模型自己的創意 (隨機性更高)

重繪幅度

Denoising strength	0.75

▲ 在圖生圖中，原圖類似於設定稿，而模型則是繪師。重繪幅度代表繪師依樣畫葫蘆的程度，若重繪幅度的值越小，模型就會完全依據設定稿來繪圖；而重繪幅度的值越大，模型會開始突發奇想，加入一堆自己的創意。

▲ 重繪幅度：0.2

▲ 重繪幅度：0.4

▲ 重繪幅度：0.6

▲ 重繪幅度：0.8

另外在 Stable Diffusion 中，有兩個非常強大的外掛功能—ControlNet 和 Lora。這是使用 Stable Diffusion 時必須要學會的精髓。簡單來說，ControlNet 可以幫助我們控制圖像的構圖（例如，人物姿勢、建築格局等）。而 Lora 則是**微調**原模型，讓模型記住新樣本的**人物**或**風格**。因其功能較為複雜，我們會在第 8 章再詳細介紹。

3-4 模型風格介紹

因為 Stable Diffusion 是一款開源模型，最讚的一點是可以使用其他人所訓練的微調模型。每種模型的繪圖風格都不盡相同，我們可以先想像好圖像的藝術風格，然後找看看有沒有類似的模型。一種比較建議的做法是到 Civitai 網站（網址：https://civitai.com/）來尋找你喜歡的模型風格。基本上，我們在 Colab 上看到的模型都可以在這個網站上找到範例圖片。

> **Civitai** 網址：https://civitai.com/

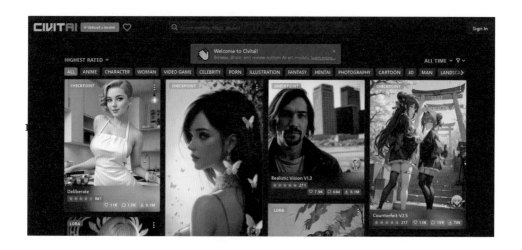

在這一節中，我們會介紹幾種常用的 Stable Diffusion 模型。希望你在閱讀本節後，能夠更熟悉這幾種模型，並能依據想要的繪圖風格來選擇模型。

Realistic Vision

▲ Realistic Vision 擅長繪製超級擬真的虛擬人物照

ChilloutMix

▲ 前陣子最火爆並產生爭議的 ChilloutMix, 擅長繪製亞洲臉孔女性

Deliberate

▲ 虛實混合的 Deliberate，能夠生成多樣化的藝術風格

DreamShaper

▲ DreamShaper 擅長繪製美版藝術圖像

ReV Animated

▲ ReV Animated 同樣擅長繪製美版圖像，不過加入了更多光影與層次上的細節

MeinaMix

▲ MeinaMix 為日版動漫風格的佼佼者

OrangeMix

▲ OrangeMix 同樣擅長日版風格，但光線感較為柔和

✄ 使用 PNG info 查找圖像資訊

如果是用 Stable Diffusion 所生成的圖片，可以將圖像丟入至 PNG info 中來查看生成圖像時所使用的 Prompt 及參數。

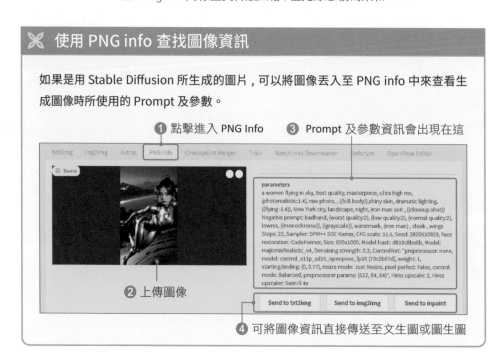

❶ 點擊進入 PNG Info　　❸ Prompt 及參數資訊會出現在這

❷ 上傳圖像

❹ 可將圖像資訊直接傳送至文生圖或圖生圖

3-5 搭配 ChatGPT 來生成 Prompt

我們之前介紹過如何請 ChatGPT 來幫助我們生成適合 Midjourney 的 Prompt。在這節中，我們會對之前的訓練命令進行修改，使其更符合 Stable Diffusion 的格式。ChatGPT 的訓練命令如下。

請將下列語句輸入至 ChatGPT 的對話框中 (可開啟檔案 Prompt-SD 來複製)：

你現在是一個Prompt生成的AI。我將在之後的對話框中輸入Concept，然後你會將Concept轉換為可供「圖像生成AI」使用的Prompt和Negative Prompt。使用括號 ( ) 可以增加關鍵詞的權重為1.1倍，而使用方括號 [ ] 則會減少權重為0.91倍。以下是範例：

Concept: 冬天的挪威女人

Prompt: professional portrait photograph of a gorgeous Norwegian girl in Winter clothing with long wavy blonde hair, ((sultry flirty look)), freckles, beautiful symmetrical face, cute natural makeup, ((standing outside in snowy city street)), stunning modern urban upscale environment, ultra realistic, Concept art, elegant, highly detailed, intricate, sharp focus, depth of field, f/1. 8, 85mm, medium shot, mid shot, (centered image composition), (professionally color graded), ((bright soft diffused light)),volumetric fog, trending on instagram, trending on tumblr, hdr 4k, 8k

Negative Prompt: (bonnet), (hat), (beanie), cap, (((wide shot))), (cropped head), bad framing, out of frame, deformed, cripple, old, fat,ugly, poor, missing arm, additional arms, additional legs, additional head, additional face, multiple people, group of people, dyed hair, black and white, grayscale

如果你了解了，請等待我輸入Concept。

將以上訓練命令輸入 ChatGPT 後，接著再輸入希望生成的圖像敘述 (Concept)，ChatGPT 就會生成合適的 Prompt 了！與第 2 章相同，如果我們在網路上找到不錯的圖像，可以對訓練命令的範例進行替換，讓生成的圖像風格相近。詳細的操作步驟可以回頭參閱第 2 章，在這邊就不贅述了。

Leonardo.ai

是否覺得 Stable diffusion 操作複雜
且門檻較高呢?別擔心,本章所介紹
的 Leonardo.ai 是 一 個 基 於 Stable
diffusion 開發的網站工具,具有簡單易
用的操作界面和豐富的功能。相信你會
對它愛不釋手,不用多花錢訂閱也可以享
受 AI 繪圖的體驗。

本章會從基本的功能操作，由淺入深帶讀者熟悉這套工具，而 Leonardo.ai 最厲害的也就是它修圖的能力，簡單幾筆塗鴉就能根據 Prompt 去製作出想要的圖像，並且還有 AI 延伸製圖、去背、去人像等功能，讓你不用花費大把時間也能輕鬆修圖！

4-1 認識 Leonardo.ai

Leonardo.ai 是一款 CP 值極高的 AI 繪圖工具，它基於 Stable diffusion 的功能再重新設計了使用者操作介面，並加入了特有的 Leonardo 模型。它不僅功能齊全，而且能夠以非常細膩的方式繪製圖像。對於免費會員而言，Leonardo.ai 每天提供 150 個 tokens 供使用，每生成一張圖像只需使用 1 ~ 4 tokens (依圖像尺寸及複雜度有所差異)，非常方便實用。此外，Leonardo.ai 還能夠延伸製圖、修圖或融合照片。相較於 Stable diffusion, Leonardo.ai 在操作上更加容易上手。以下是使用 AI 延伸製圖功能的例子：

▲ 這是一張簡單的文字生成圖像，人物精緻程度不輸其他 AI 繪圖

接著使用圖像延伸的功能畫出其他部分：背景、下半身等。

▲ 生成出背景、人物下半部

　效果很不錯，而且製作過程沒有繁雜的參數調整與規定，接下來就讓我們
學習如何使用 Leonardo.ai 吧！

4-2 註冊帳號

　請跟著以下步驟註冊帳號。

 輸入以下網址來進入 Leonardo.ai 官網：

https://Leonardo.ai

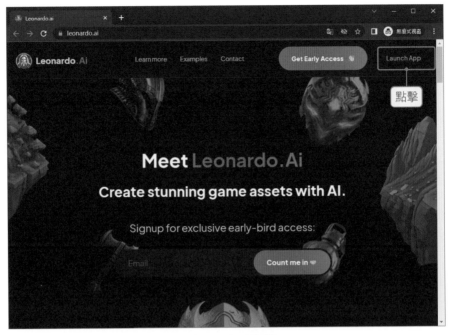

點擊

▲ Leonardo.ai 官網

STEP
02 按一下開啟應用程式:

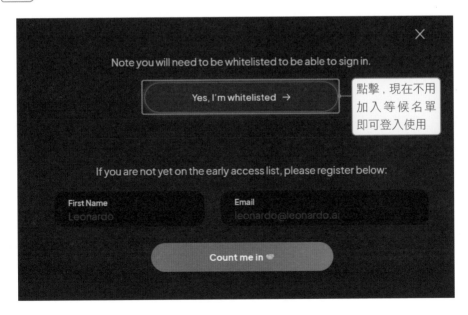

點擊,現在不用
加入等候名單
即可登入使用

STEP 03 按此前往應用程式：

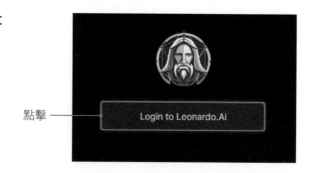

點擊 — Login to Leonardo.Ai

STEP 04 按一下登入：

使用 Google
登入

◀ 有多種登入
方式，我們接下
來 會 以 Google
登入進行示範

STEP 05 選擇 Google 登入：

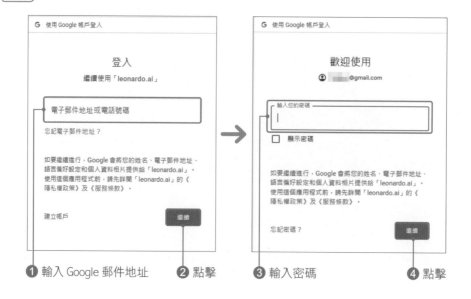

① 輸入 Google 郵件地址　② 點擊　③ 輸入密碼　④ 點擊

STEP
06 填寫個人資訊：

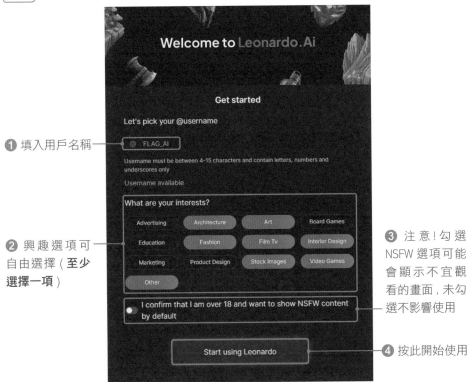

❶ 填入用戶名稱

❷ 興趣選項可自由選擇（**至少選擇一項**）

❸ 注意！勾選 NSFW 選項可能會顯示不宜觀看的畫面，未勾選不影響使用

❹ 按此開始使用

▲ Leonardo.ai 主頁面

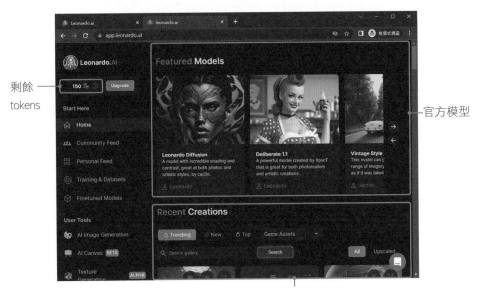

剩餘 tokens

官方模型

其他用戶創作的圖像

主畫面中的圖像都很精美，其實你也可以輕易地繪製出相似的圖像，而這也是 Leonardo.ai 簡單易學的優勢，接下來要介紹 Leonardo.ai 的功能及使用方法，讓我們繼續看下去。

4-3 快速上手 Leonardo.ai

功能區選項

進入主畫面後，首先來介紹左側的選單欄，這裡涵蓋大部分功能，看似簡潔其實裡面有很多實用的小工具。

● Community Feed (社群動態)：

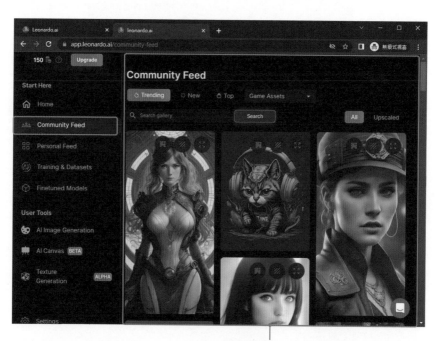

顯示了目前最熱門的他人創作，
可以直接套用他人創作來製圖

● Personal Feed（個人圖稿）：

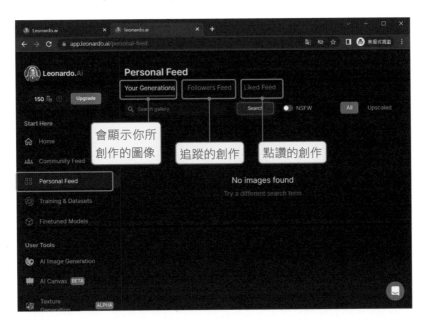

● Training & Datasets（自定義模型與數據集）：

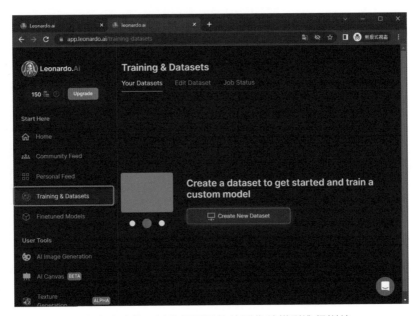

▲ 這邊的功能可以將相同風格的圖像給模型進行訓練，
依照訓練風格生成圖像。我們會在第 8 章開始詳細介紹

- Finetuned Models（微調模型）：

官方模型　　第三方模型　　個人模型　　最愛的模型

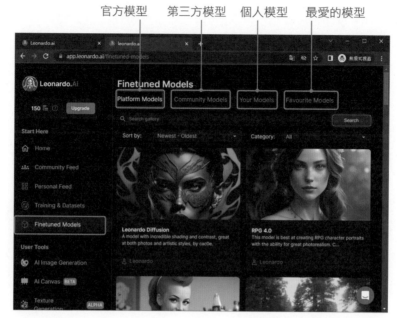

▲ 我們在第 3 章中提過，Stable Diffusion 有許多不同畫風的模型，而 Leonardo 亦同。在這邊，我們可以搜尋許多不同畫風的模型，除了有官方提供的模型外，也有素人玩家所訓練出來的微調模型

- User Tools（使用者繪圖工具）：
在左側功能列下方，是我們最常用到的三個主要 AI 繪圖工具，分別是 AI 生成圖像、AI 畫布與紋理生成，別小看了這些功能，因為這些工具就像魔法一樣，讓圖像擁有多種變化。

Ⓐ AI 生成圖像：以文生圖或圖生圖的方式來生成圖像，是最基礎的使用功能

Ⓑ AI 畫布：上傳圖像來編輯或部分重繪，在修圖時非常方便好用，我們後續會詳細介紹

Ⓒ 3D 紋理生成：製作 3D 立體模型，目前效果尚不穩定且需要上傳 3D 模型檔，有興趣的讀者可參考以下網址的教學：https://hackmd.io/@flagmaker/HkXcoKjM2

4-4 文生圖 (txt2img) 使用方法

輕鬆上手文生圖

　　Leonardo.ai 的文生圖步驟基本上與 Stable Diffuion 一樣，但其使用者操作介面更加簡潔、親民。使用起來非常簡單，步驟如下：

STEP 01 　進入 AI Image Generation：

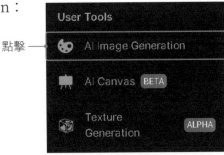

點擊

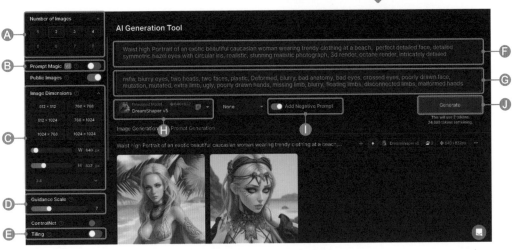

▲ AI Image Generation 主畫面

Ⓐ 生成圖像數量　　　　Ⓔ 拼接圖　　　　　　　　　Ⓘ 開啟負向表列 Prompt
Ⓑ Prompt 魔法工具　　Ⓕ Prompt 輸入框　　　　　Ⓙ 生成鍵
Ⓒ 圖像尺寸調整　　　　Ⓖ 負向表列 Prompt 輸入框
Ⓓ Prompt 權重值　　　Ⓗ 選擇模型

STEP 02 功能區選項調整：

接下來，我們會一一介紹左側的功能區的各個選項。

- 生成圖像的數量

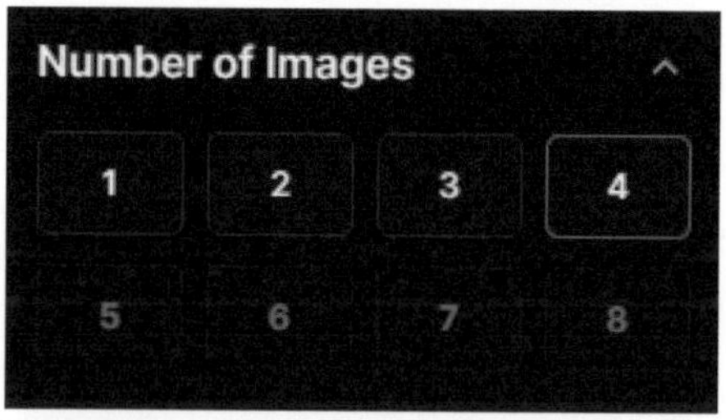
Number of Images
1
2
3
4
5
6
7
8

◀ 預設為生成 4 張圖，生成的數量越多會消耗越多 tokens

- Prompt 魔法工具

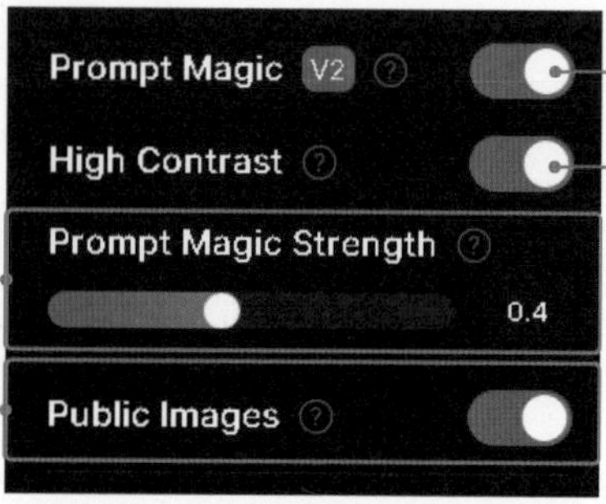
Prompt Magic V2
High Contrast
Prompt Magic Strength
0.4
Public Images
開啟可以豐富 Prompt 的細節描述
高對比度，開啟後可以讓圖像更具陰影層次
Prompt 魔法工具權重
公開圖像，開啟後會將圖像分享至公共區

Prompt Magic

Prompt Magic 可以提高生成圖像的細節。輸入簡單的 Prompt 就能產生高精緻度的圖像，以下為筆者使用 DreamShaper 3.2 模型並輸入「girl」所產生的圖像。

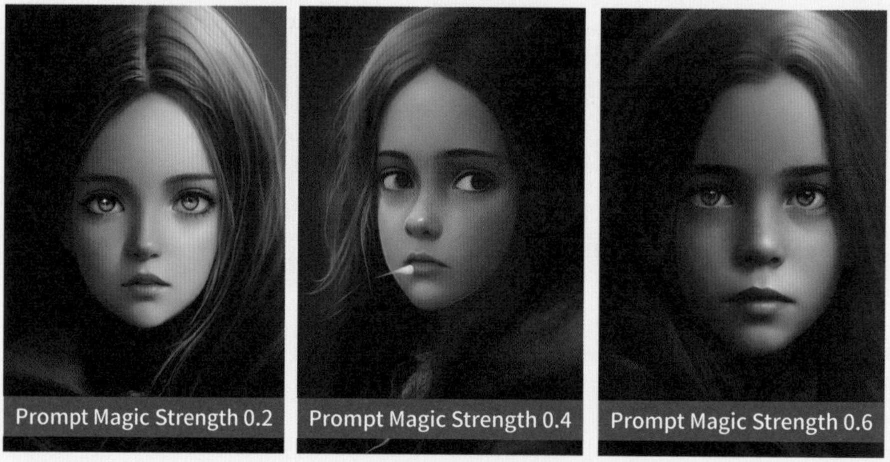
Prompt Magic Strength 0.2
Prompt Magic Strength 0.4
Prompt Magic Strength 0.6

▲ 可以看到人像的細節越來越多，也越來越逼真

● 圖像尺寸調整

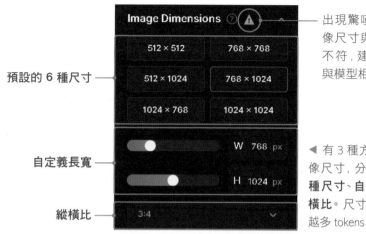

出現驚嘆號代表圖
像尺寸與模型尺寸
不符，建議調整至
與模型相符的尺寸

預設的 6 種尺寸 ──

自定義長寬 ──

縱橫比 ──

◀ 有 3 種方式可以調整圖
像尺寸，分別是**預設的 6
種尺寸**、**自定義長寬**與**縱
橫比**。尺寸越大則會消耗
越多 tokens

● Prompt 權重

◀ 數值越高則生成的圖像
越貼近 Prompt，越低則會
生成較創意的圖像

STEP 03 選擇模型：

點擊查看
其他模型 ──

◀ 因為 Leonardo 是基於
Stable Diffusion 的線上繪
圖工具，所以官方提供了
Stable Diffusion 的各種衍
伸模型讓大家使用

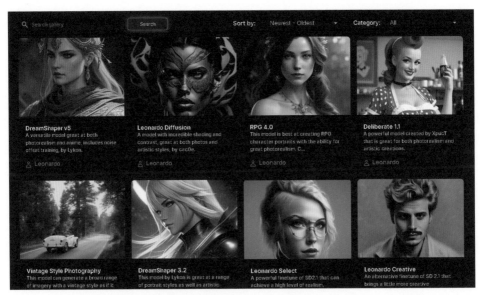

▲ 有多種模型可供選擇。在此範例中，我們使用 DreamShaper 3.2 模型

 STEP 04 輸入 Prompt 並生成圖片：

Leonardo. ai 的 Prompt 格式與 Stable Diffusion 一樣，讀者可以參考第 3 章的 Prompt 格式。而在撰寫 Prompt 的時候，同樣可以依照第 2 章所提過的**主題、構圖、環境、照明、風格、顏色、氛圍**來發想。

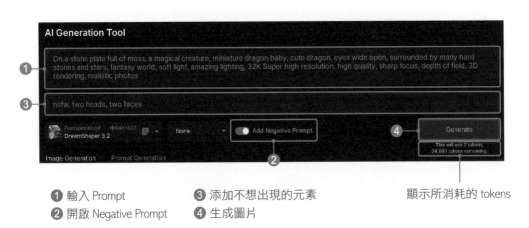

❶ 輸入 Prompt　　　❸ 添加不想出現的元素　　　顯示所消耗的 tokens

❷ 開啟 Negative Prompt　　❹ 生成圖片

以下為筆者所輸入的「迷你龍寶寶」Prompt：

Prompt：
On a stone plate full of moss, a magical creature, miniature dragon baby, cute dragon, eyes wide open, surrounded by many hard stones and stars, fantasy world, soft light, amazing lighting, 32K Super high resolution, high quality, sharp focus, depth of field, 3D rendering, realistic photos

Negative Prompt：
nsfw, two heads, two faces

在 Negative Prompt 中輸入 nsfw 能夠避免出現**辦公場所不宜**的圖像

成果圖：

STEP 05 下載圖像：

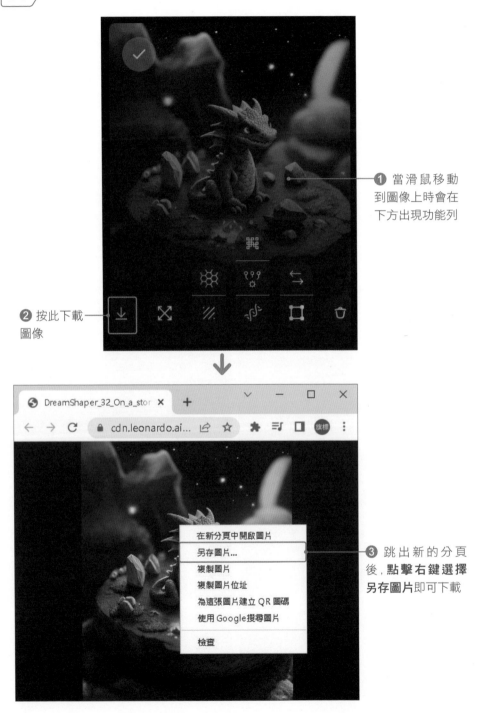

❶ 當滑鼠移動到圖像上時會在下方出現功能列

❷ 按此下載圖像

在新分頁中開啟圖片

另存圖片...

複製圖片

複製圖片位址

為這張圖片建立 QR 圖碼

使用 Google 搜尋圖片

檢查

❸ 跳出新的分頁後，**點擊右鍵選擇另存圖片**即可下載

Prompt 生成工具

透過輸入簡單的名詞或句子，**Prompt 生成工具**會幫我們構思出一串 Prompt 讓我們直接使用。而生成 Prompt 需要 tokens，每個免費用戶總共有 1000 個 tokens，生成一組 Prompt 會消耗 **1 個 tokens**。

Tip

此處所消耗的 tokens 並非製作圖像的 tokens，而是生成 Prompt 的專屬 tokens。

使用 Prompt 生成工具的步驟如下：

❶ 按此進入 Prompt 生成工具

❷ 選擇 2，生成兩組 Prompt

❸ 輸入 **a car**，以車子為主軸生成 Prompt

顯示剩餘 tokens

❹ 按一下生成 Prompt

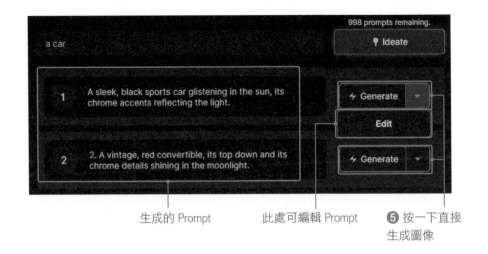

生成的 Prompt　　　此處可編輯 Prompt　　⑤ 按一下直接
生成圖像

▲ 使用 Prompt 生成工具所生成的圖像，比起我們單純輸入「a car」好太多了！

4-5　圖生圖 (img2img) 使用方法

輕鬆上手圖生圖

　　圖生圖能依照所上傳的原圖「**顏色**」來生成新圖。要使用這個功能，我們需要進入 AI Generation Tool 中，然後在左側功能區的最下方上傳圖像，步驟如下。

STEP 01 上傳圖像：

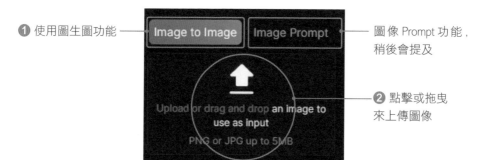

❶ 使用圖生圖功能

圖像 Prompt 功能，稍後會提及

❷ 點擊或拖曳來上傳圖像

▲ 圖像上傳區域

STEP 02 調整功能區選項：

Prompt 權重

讓圖像能依照原圖的「**構圖**」來生成，稍後會詳細介紹

圖像權重，越高會越貼近原圖

AI Generation Tool

On a stone plate full of moss, a magical creature, miniature dragon baby, cute dragon, eyes wide open, surrounded by many hard stones and stars, fantasy world, soft light, amazing lighting, 32K Super high resolution, high quality, sharp focus, depth of field, 3D rendering, realistic photos

Finetuned Model ◈640×832 DreamShaper 3.2 | Leonardo Style ▾ | ○ Add Negative Prompt | Generate
This will use 5 tokens.
24,859 tokens remaining.

Image Generation Prompt Generation

▲ 讓我們同樣輸入「迷你龍寶寶」的 Prompt, 看看會發生什麼事吧

成果圖：

▲ 有發現什麼嗎？圖生圖所學習的是原圖的「**顏色**」, 新圖會依照原圖的色彩及所輸入的 Prompt 來重新算圖

ControlNet

如果說一般的圖生圖是學習原圖的「**色彩**」, 那 ControlNet 就是學習原圖的「**構圖**」, ControlNet 功能可以幫我們更好地控制所生成圖像的輪廓、構圖或人物姿勢。

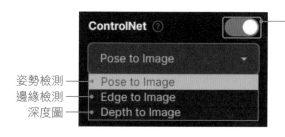

姿勢檢測 — Pose to Image
邊緣檢測 — Edge to Image
深度圖 — Depth to Image

開啟 ControlNet 功能

▲ 根據需求來調整, 越高會越接近原圖「**構圖**」

Leonardo.ai 目前有 3 種 ControlNet 功能, 讓我們一一介紹:

● Pose to Image (姿勢檢測):

▲ 上傳的原圖

▲ 新生成的圖像, 能夠模仿原圖**姿勢**

- Edge to image（邊緣檢測）：

▲ 上傳的原圖

▲ 新生成的圖像，幾乎按照原圖的所有**輪廓與框架**來生成，姿勢上也會一模一樣

- Depth to Image（深度圖）：

▲ 上傳的原圖

▲ 新生成的圖像，能夠依照原圖的**立體深度**來生成

Image Prompt (圖像 Prompt)

Image Prompt 能讓圖像轉換為 Prompt 的描述，這個功能相當於 Midjourney 中的「圖像 Prompt」。 我們可以用此功能來融合圖像風格。

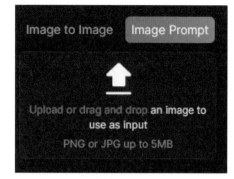

▲ 圖像權重，相當於 Midjourney 中的「--iw」

▲ 圖像描述功能

筆者上傳以下兩張圖像，並且在 Prompt 輸入「Imagery at night」。

◀ 成功的將兩張圖像 融合了，同時具深度的 街道與夜晚的都市景象

4-6 重繪其他人的創作

除了可以直接點選 AI Image Generation 進行創作，也可以從他人圖像中套用模型設定來製圖。讓我們先回到主頁，選擇一個喜歡的圖像來二次創作吧！

STEP
01) 回到 Leonardo.ai 主頁：

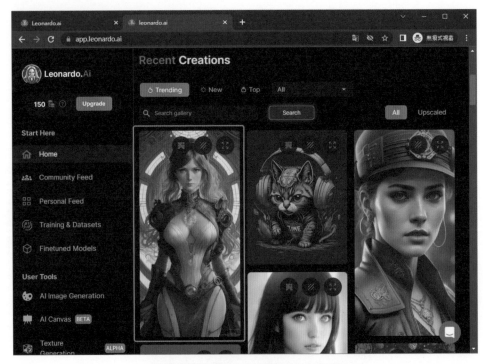

▲ 點擊圖像（讀者可以選擇其他的圖像）

STEP
02 使用 Remix 或圖生圖功能：

這張圖所使用的 Prompt

Remix 功能，將此圖像的所有
設定送入至 AI 生成工具中

所使用的模型

圖生圖功能，會將圖一
併送入至 AI 生成工具中

　　Remix 會將此圖像的 Prompt 、選用的模型、尺寸大小等一併套用到
AI Image Generation 中，讓我們可以依樣畫葫蘆，生成一個類似的畫作；
而 Image2Image（圖生圖）不僅會拉入所有設定，也會將原圖一併送入。
兩者的差別其實就是有沒有包含原圖。

成果圖：

▲ Remix 生成，與原圖差異度較高

▲ 圖生圖生成，與原圖差異度較小

多樣的圖像風格

與 Stable Diffusion 一樣，
Leonardo.ai 可以依據不同的
模型來創造風格多樣的圖像

5

進階用法：
Leonardo.ai
影像修復與增強

Leonardo.ai 對圖像有很大的可調控性，
對生成的圖片可以做延伸、去背、縮
小、升級、修圖等功能；對於上傳的照
片也可以自由延伸出想要的背景，或是把
雜物修掉等，讓我們一起來試試吧。

5-1 影像延伸與微調 (AI Canvas)

拍攝好的照片如果覺得構圖、背景、表情
等不夠理想，那 Leonardo.ai 強大的圖片編
輯功能，可以做出比擬 Photoshop 做出的修
圖效果。以這張人物的近照做舉例，我們可以
用 Leonardo.ai 的 AI Canvas 編輯區來幫照
片做延伸與修改。

原圖人物頭像並不完整 ▶

影像延伸：將畫面更寬闊

首先進入 Leonardo.ai 頁面左側的影像編輯專區 AI Canvas。

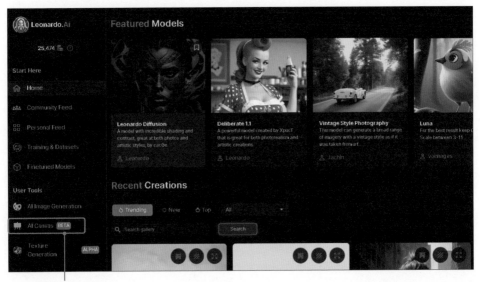

點選 AI Canvas

先帶大家認識操作介面：

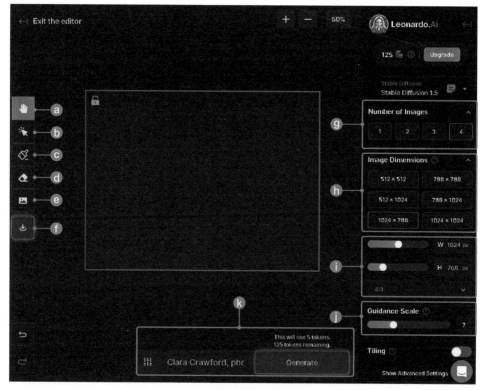

▲ 進入圖像編輯畫面

ⓐ 平移整個版面　　ⓓ 橡皮擦工具　　ⓖ 設定要生成幾張圖　　ⓘ 自訂尺寸
ⓑ 縮放與移動　　　ⓔ 置入圖片　　　ⓗ 調整影像生成的尺寸　ⓙ Prompt 權重
ⓒ 遮罩工具　　　　ⓕ 下載圖片　　　（也就是畫面中央方框的大小）　ⓚ Prompt 輸入框

　　我們先從置入照片開始，接著調整相片與方框的相對位置，方框內是生成圖片的範圍，所以要預留空位給想要填補的部分（但方框內的照片並不會被生成圖片覆蓋掉）。Prompt 方面，描述現有的人物特徵是梳了辮子(braids)、深色頭髮 (brunette)，這樣才可以繼續生成相同特徵的圖，接著指定人物要穿著洋裝 (dress)。

Tip

小補充：可以同時在 Prompt 輸入框中打上 **background extension**

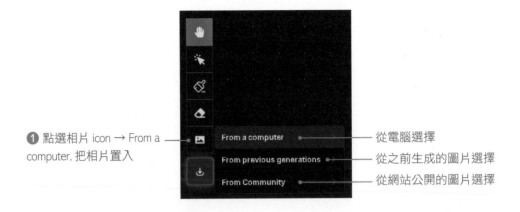

❶ 點選相片 icon → From a computer, 把相片置入

從電腦選擇

從之前生成的圖片選擇

從網站公開的圖片選擇

這邊平移版面的位置（按空白鍵也可以）

可以縮放 & 移動相片與方框（用滑鼠滾輪也可以）

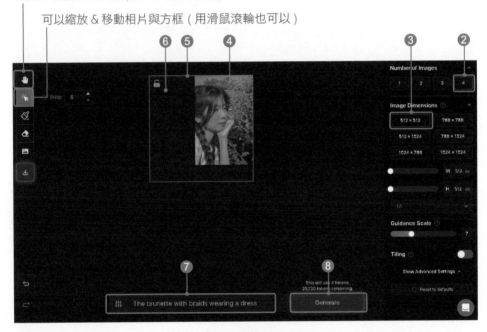

❷ 設定要生成幾張圖
❸ 調整影像生成的尺寸
　（也就是左邊方框的大小）
❹ 圖片縮放 & 移動到方框內

❺ 方框也可以移動
❻ 在方框內預留空位給要生成的範圍
❼ 輸入 Prompt：The brunette with braids wearing a dress
❽ 調整好後按下 Generate

　　生成圖片後, 有喜歡的就可以按下 Accept, 如果都不滿意就按 Cancel, 再重新生成圖片。

⑩ 按下儲存成 png 檔　　　　❾ 按下 Accept

▲ 原圖對比

▲ 四種生成效果

影像微調：改變人物五官

也可以對圖片的特定部位用 Draw Mask 遮罩工具做修改，Prompt 也可以再增添。

① 使用 Draw Mask 遮罩工具，可調整筆刷大小

Undo（返回）鍵　　橡皮擦工具　　③ Prompt 加上 closed eyes，　② 把人物的眼睛
　　　　　　　　　　　　　　　　　　　 表示要閉眼　　　　　　　　部分塗掉

▲ 成功改成閉眼照囉

Tip

如果想重新操作可以按 Undo（返回）鍵回到上一步，或是橡皮擦工具勾選 Mask Only 塗抹掉遮罩，以便重新操作

5-2　去除雜物 (AI Canvas)

編輯現有的照片

這是一張海景照，如果想要把照片裡的人物去除，該怎麼做呢？一樣用 AI Canvas 裡萬用的 Draw Mask (遮罩工具) 或 Erase (橡皮擦工具) 功能。

兩者的差別是 Draw Mask 類似遮罩效果，刷過的區域使用 Erase 的 Mask 筆刷即可復原；但用 Erase 擦除後的區域就無法再復原。因此建議讀者以使用 Draw Mask 為主。

❷ 使用 Draw Mask 工具塗抹掉人物　　❶ 將需要去除的部分放置在方框中央

❸ 輸入 Prompt：The rocky shores of the uninhabited seashore (沒有人的岩石海岸)

Tip

如果需要修改塗抹的範圍,可以勾選 Erase 中的
Mask Only, 就可以擦除 Draw Mask 塗過的區域。
讀者可以放心來回修改!

成功生成沒有人物 ▶
的海景照了!

另外要注意方框裡
的景物分布,如果有明
顯的分界到方框之外
(例如海平面橫跨了畫
面),生成的圖片可能
會銜接得不太順暢。

生成之後可以 ▶
看到海平面銜
接得不平整

▲ 海平線橫跨了方框範圍

編輯生成的圖像內容

不只是上傳的照片，我們在 Leonardo.ai 生成的圖像也可以開啟 AI Canvas 進行上述相同操作喔！從首頁點選 Personal Feed 或是 AI Image Generation 都可以進入。

方法一：從 Personal Feed

❶ 首頁切換到個人資料區

❷ 點選其中一個圖像

❸ 會顯示圖片的詳細資料

❹ 由此點選進入 AI Canvas

方法二：從 AI Image Generation

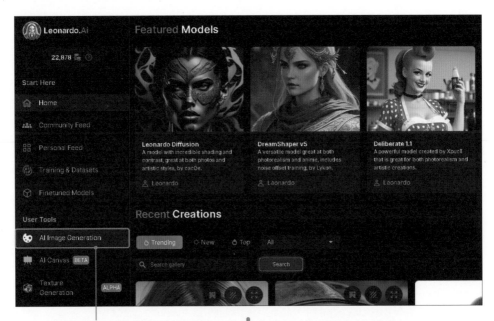

❶ 從首頁點選生成圖專區

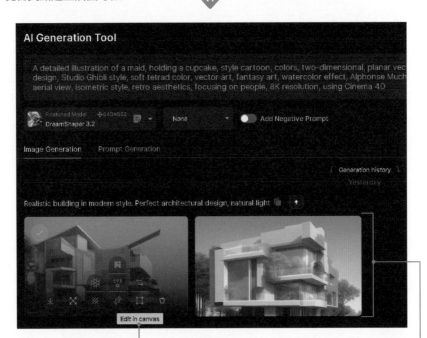

❸ 滑鼠移動到該圖像，就有 Edit in Canvas 的選項了　　　　❷ 顯示生成圖的歷史紀錄

其實不只是移除特定物件，5-1 節所提的影像延伸、重新生成等功能也可以用在生成圖。

原圖	更改髮型 & 延伸背景

▲ 以這張生成圖為例，用生成的圖片進行一樣的操作，效果也很不錯喔

5-3 手部、臉部修復 (AI Canvas)

眾所皆知 AI 生成人像的一大弱點就是「手」，很容易有多一隻手指 / 手臂或是變形等狀況，看了實在有點嚇人。好消息是 Leonardo.ai 的 AI Canvas 有機會可以救回這些圖片！

❶ 先複製原圖的 Prompt

❷ 進入圖像的 Canvas 編輯區

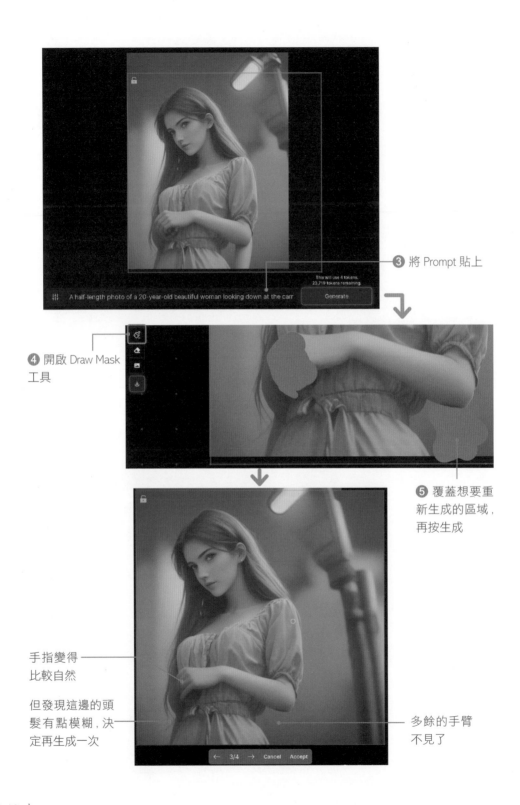

❸ 將 Prompt 貼上

❹ 開啟 Draw Mask 工具

❺ 覆蓋想要重新生成的區域，再按生成

手指變得比較自然

但發現這邊的頭髮有點模糊，決定再生成一次

多餘的手臂不見了

A half-length photo of a 20-year-old beautiful woman looking down at the cam

Generate

This will use 4 tokens.
23,719 tokens remaining.

3/4   Cancel Accept

6 一樣使用 Draw Mask 工具遮蓋

頭髮修補成功，得到 ▶
改善後的人像圖！

Tip

小提示：如果
反覆生成幾次
手部都失敗，
直接讓人物的
手部放背後也
是不錯的方
法。

▲ 本來多一隻手指

▲ 改成讓手放後面

有時也會遇到臉輪廓不完整的情形，
用一樣的方法可以改善。

這張圖可惜有一邊
的輪廓缺了一小角

使用 Draw Mask 蓋掉邊緣

輪廓修補完成！▶

5-4 影像去背 (圖像功能列)

前三節的內容為 AI Canvas 編輯區的應用，**AI Canvas 可編輯 Leonardo.ai 的生成圖片，也可以編輯從電腦上傳圖像。**接下來要介紹的是 **Leonardo.ai 生成圖片區的功能列，也就是僅限生成圖才能使用的工具。**

Tip

其中有許多功能是需要 tokens 的，若是將 tokens 使用完畢則需要再等待 24 小時自動回充至 150 tokens。如果訂閱 Leonardo.ai 的包月方案，基礎版 12 美元 8500 個 tokens，進階版 30 美元 25000 個 tokens，若想體驗完整功能則可以購買進階版，詳細內容請至 Leonardo.ai 查詢。

功能列介紹

從 Personal Feed 或是 AI Image Generation 都可以進入使用這些功能，筆者採取從 AI Image Generation 使用的途徑來做舉例。先簡單帶大家認識介面：

▲ 在 Personal Feed 顯示的功能列

◀ 在 AI Image Generation
顯示的功能列，項目相同
但是多了 icon

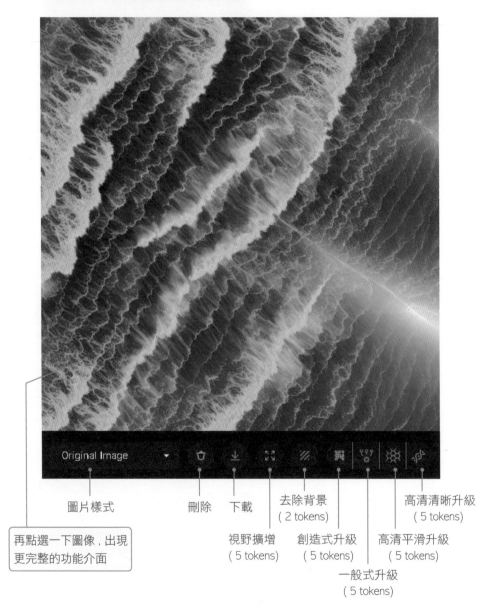

圖片樣式

再點選一下圖像，出現
更完整的功能介面

刪除

下載

視野擴增
（5 tokens）

去除背景
（2 tokens）

創造式升級
（5 tokens）

一般式升級
（5 tokens）

高清平滑升級
（5 tokens）

高清清晰升級
（5 tokens）

影像去背

　　Leonardo.ai 的去背功能無法用在上傳的圖像，但從 Leonardo.ai 生成的圖像可以一鍵快速去背，不需要借助 Photoshop 就能輕鬆建立個人的專屬素材庫。

❶ 輸入 sport car，生成四張圖片

❷ 點選其中一張

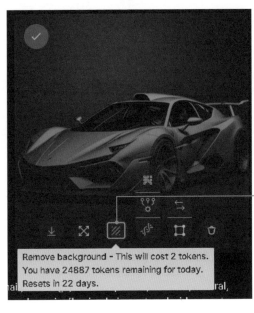

❸ 選取中間的 Remove background 圖示

❻ 此時畫面會開啟另一
個視窗，對圖片點選右
鍵另存圖片即可

❹ 再點一次
圖片，可選擇
有背景、無
背景的圖像

❺ 這裡按下載

▲ 去背圖片的 png 檔下載完成

Tip

如果想將本機位置的圖像進行去背，可使用圖生圖功能來生成新圖像 (Init Strength 需
調到最高，所生成的圖像差異會較小)。接著依序上述步驟就可以將自己的圖像進行去
背。

5-5 升級圖像與加大尺寸 (圖像功能列)

生成中意的圖像之後，我們可以把圖像升級轉為解析度較高版本。要將圖像轉為高解析度有四種途徑：創造式升級 (Creative upscale)、一般式升級 (Upscale image alternate)、高清平滑升級 (HD Smooth Upscaler)、高清清晰升級 (HD Crisp Upscale), 四種方法各有特色, 我們以一張 640 x 640 的生成圖片來當作示範。

名稱	圖示	花費	官方說明
創造式升級 (Creative upscale)		5 tokens	圖像會有自動調校, 和原圖可能會有較大差異, 也可能流失部分細節
一般式升級 (Upscale image alternate)		5 tokens	生成圖較接近原始的圖片
高清平滑升級 (HD Smooth Upscaler)		5 tokens	對圖像中的主角效果很好, 但焦點之外的細節可能會被柔化掉
高清清晰升級 (HD Crisp Upscale)		5 tokens	有較多的細節和清晰度

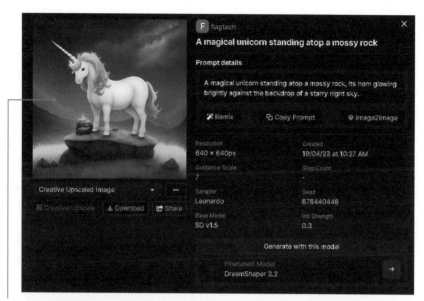

點選生成圖像後，再點一下圖片

▲ 可以看到編輯畫面，
自由點選想要的升級方式

創造式升級
一般式升級

高清清晰升級
高清平滑升級

升級結果如下：

原圖 640 x 640 ▶

創造式升級 (2256 x 2256)	一般式升級 (2704 x 2704)

特色：風格跟細節都有變化	特色：和原圖相似度最高，尺寸有最大的提升
高清平滑 (2256 x 2256)	高清清晰 (1536 x 1536)

特色：主體飽滿精緻、有立體感，其餘細節柔焦	特色：細節豐富、清楚銳利

為了加深讀者的印象，我們再以另
一張圖像為例呈現：

原始圖片 ▶

創造式升級	一般式升級
和原圖差異大（五官有變動）	和原圖最相似

高清平滑升級	高清清晰升級
光線最為柔和	細節精緻，銳利度較高

Tip

點選升級功能後可能會出現等候提示，只要稍等個幾分鐘再重新整理畫面，點選圖片樣式可能就會有新的圖顯示出來。

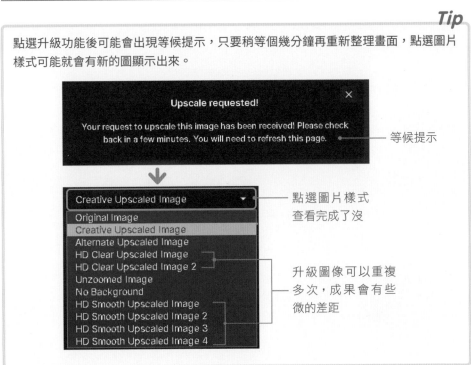

CHAPTER

6

設計 Logo 太花錢？AI 幫你免費設計！

從無到有的 Logo 設計相當花錢，就算是設計一個簡單的圖案，可能都要動輒上萬元，而且這個過程可能會不斷地跟設計師來回溝通，耗費許多時間成本。但現在，我們只要跟 AI 說想要的圖示、藝術家風格，它就能在數秒間發想創意，輕鬆設計 Logo！

在本章中，我們會介紹如何使用 AI 繪圖軟體設計**圖案 Logo** 跟**字母 Logo**，就算不是相關專業的讀者，也能輕鬆將腦中的想法化為現實，並在幾秒鐘內產生風格多樣的設計！

6-1 圖案 Logo

經過筆者測試，**Midjourney v4 版本**在設計圖案 Logo 時的效果相當不錯。所以在本節中，我們會以 Midjourney 進行範例設計。

設計重點

在設計圖案 Logo 時，我們需要先在腦海中構思以下幾個重點，並輸入至 Midjourney 的 Prompt 中：

1. **發想圖案主題：**moto (機車)、robot (機器人)、tree (樹)、bread (麵包)…等

2. **圖案呈現方式：**mascot (吉祥物)、lettermark (單一文字) 、emblems (標誌)

3. **藝術風格：** geometric style (幾何風格)、illustrative style (插畫風格)、handwritten style (手寫風格)、floral and fauna style (自然風格)、abstract style (抽象風格)…等

4. **加入繪畫、印刷手法：**acrylic painting (壓克力畫)、spray painting (噴槍畫)、letterpress printing (凸版印刷)…等

5. **背景顏色：**white (白色)、black (黑色) …等

6. **加入負向提詞來移除複雜元素：**--no 文字 (words)、過多細節 (detail)、真實照片 (photo)

吉祥物範例

　　舉例來說，如果我們想設計一個「麵包的吉祥物」商標，可以輸入以下 Prompt 至 Midjourney 中：

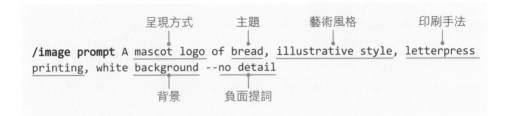

▲ 可愛的麵包吉祥物商標

單一字母設計範例

如果想設計改成以「單一字母」來呈現 Logo，可以將 Prompt 修改如下：

```
/image prompt lettermark of B, logo of bread, illustrative style,
letterpress printing
```

── 修改呈現方式為字母「B」

▲ 單一字母的商標

標誌範例

如果我們想使用「標誌」商標，可以將 Prompt 修改如下：

/image prompt <u>A emblems logo</u> of bread, geometric style style,
letterpress printing
————— 修改呈現方式為「標誌」

▲ 標誌型商標

　　我們可以自行搭配不同的藝術風格及印刷手法來生成不同的圖像商標。不過，精明的你們有沒有發現一件事，就是 AI 繪圖軟體所生成的「文字」無法正確拼寫！在下一節中，我們會介紹如何使用 Leonardo 和 Stable Diffusion 來產生正確的文字。

不同的藝術風格

文字 Logo 拼錯的問題雖然後面有解決方法，不過操作上比較麻煩一些，若現階段要快速避開此問題，也可以改用吉祥物來生成 Logo。以下呈現不同藝術風格的「**貓頭鷹**」吉祥物商標：

```
/imagine prompt
A mascot logo of owl, <藝術風格>,
letterpressprinting --v 4
```

▲ geometric style（**幾何風格**）

▲ illustrative style（**插畫風格**）

▲ handwritten style（**手寫風格**）

▲ floral and fauna style（**自然風格**）

▲ abstract style（**抽象風格**）

6-2 生成拼寫正確的文字 Logo

不管你是使用 Midjourney 還是 Stable Diffusion,「絕對不要」只用文字敘述跟 AI 說想繪出的「文字」,目前生成式 AI 還無法生成正確的文字圖像。因此,我們要自己製作正確版本的文字當作**底圖（遮罩圖）**,再透過 ControlNet 的幫助,它會將我們的底圖當作骨幹,進一步生成各種風格的 Logo 圖像,而且這個方法中英文 Logo 都適用喔!本節會分別以 Leonardo.ai 和 Stable Diffusion 進行示範。

多文字 Logo 的設計流程如下:

1 製作**黑底白字**遮罩圖

⬇

2 上傳遮罩圖至 Leonardo.ai 或 Stable Diffusion 中

⬇

3 設定 ControlNet

⬇

4 輸入 Prompt 並生成圖片 (可先於網路搜尋不錯的圖像風格)

▲ 以「ChatGPT」的 Logo 設計為例,筆者測試了多種 Prompt 的改寫方法,AI「絕對沒辦法」產生拼寫正確的文字

遮罩圖的製作

　　首先, 我們會使用 PowerPoint 來產生**文字遮罩圖**（你也可以用小畫家或其他繪圖工具）, 然後用 Leonardo.ai 或 Stable Diffusion 來對原始文字圖像進行**風格改寫及填充**。生成文字遮罩圖的步驟如下：

STEP 01 　開啟 PowerPoint 並製造文字遮罩圖：

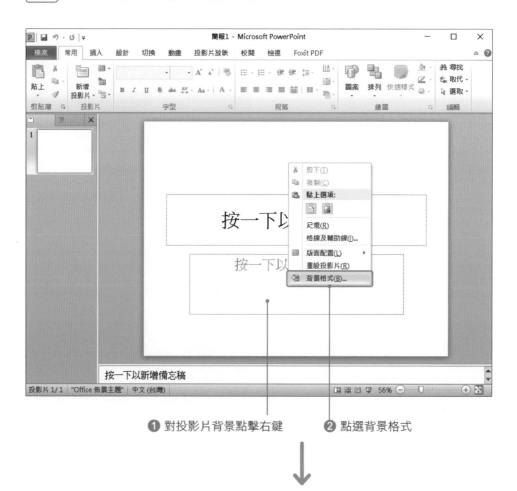

❶ 對投影片背景點擊右鍵　　❷ 點選背景格式

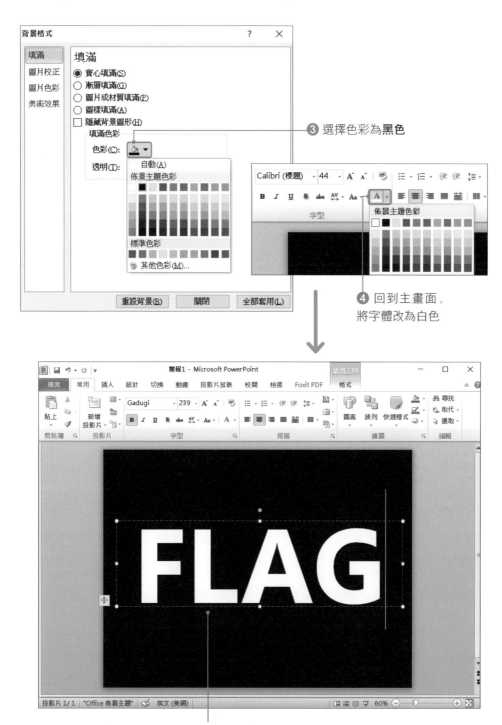

③ 選擇色彩為**黑色**

④ 回到主畫面，
將字體改為白色

⑤ 於對話框中輸入文字，建議選用較粗的字體並更改文字大小

儲存文字圖片：

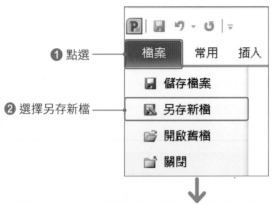

❶ 點選 —— 檔案　常用　插入

❷ 選擇另存新檔 ——

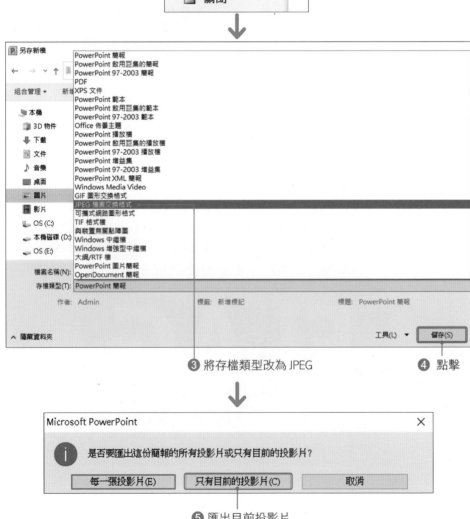

❸ 將存檔類型改為 JPEG

❹ 點擊

❺ 匯出目前投影片

使用 Leonardo.ai 來進行字體 Logo 設計

STEP 01 到 Leonardo 的頁面中，上傳文字遮罩圖：

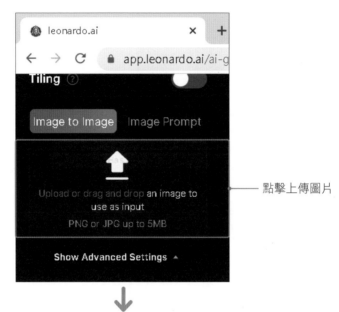

點擊上傳圖片

▲ 選擇剛剛的圖片並上傳

開啟 ControlNet 功能：

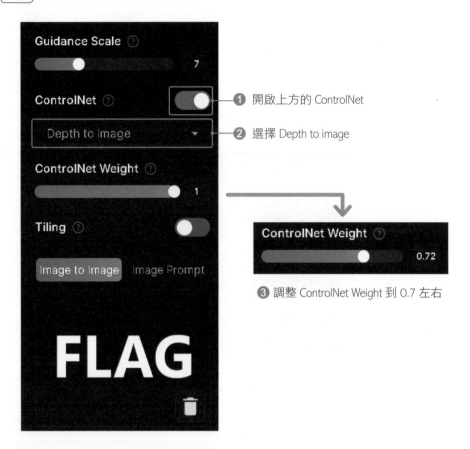

① 開啟上方的 ControlNet

② 選擇 Depth to image

③ 調整 ControlNet Weight 到 0.7 左右

修改 Prompt 並產生圖片：

▲ 這邊的 Prompt 可以到 Leonardo 的主頁中來搜尋不錯的圖片風格，**直接複製貼上就可以產生不錯的效果**。模型可以依據你想要的藝術風格來進行調整，範例中使用 Deliberate

▲ 完成，最後的文字 Logo 成果！我們使用的 Prompt 為「centered, isometric, vector t-shirt art ready to print highly detailed colourful graffiti illustration of a dog as rapper, wearing headphones, face is covered by highly detailed, vibrant color, high detail」

✖ ControlNet Weight

▲ ControNet Weight：0.65l

▲ ControlNet Weight：0.8

▲ ControlNet Weight：1.0

不同的權重會影響字體的保留度，權重越高會增加越多設計感；越低則會保留原有字樣。

使用 Stable Diffusion 來進行字體 Logo 設計

與 Leonardo.ai 相比，Stable Diffusion 有更多不同風格的模型，且可微調的選項更多。在這小節中，我們會介紹如何使用 Stable Diffusion 來設計字體 Logo，步驟如下：

STEP 01 進入文生圖頁面：

STEP 02 開啟 ControlNet 功能：

在左側功能區的下方，點選開啟 ControlNet

▲ 拖曳或點擊上傳剛製作好的遮罩圖

CHAPTER

6

▼

設
計
Logo
太
花
錢
？
ai
幫
你
免
費
設
計
！

STEP
03 調整功能區選項：

❶ 勾選（注意！
這邊一定要確認
勾選喔）

❷ 選擇 **depth** 模型，
使用 depth_midas 與
depth_sd15v2

❸ 設定 **Control
Weight**，如前所述，
你可以自己決定原
字體的保留程度

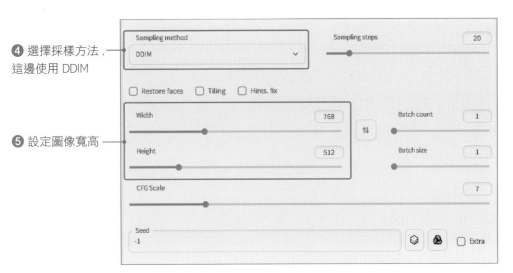

❹ 選擇採樣方法，
這邊使用 DDIM

❺ 設定圖像寬高

STEP **04** 輸入 Prompt 並生成圖片：

❶ 輸入 Prompt
❷ 生成圖片

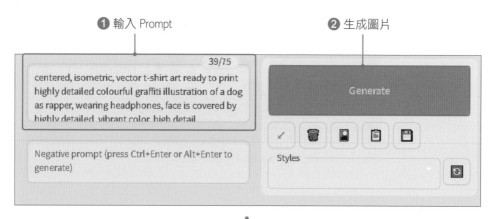

39/75

centered, isometric, vector t-shirt art ready to print
highly detailed colourful graffiti illustration of a dog
as rapper, wearing headphones, face is covered by
highly detailed, vibrant color, high detail

Negative prompt (press Ctrl+Enter or Alt+Enter to
generate)

Generate

Styles

▲ 完成！

6-3 中英文字體 Logo 設計範例

英文 Logo：

▲ 可以到 Leonardo 的主頁或是之前提過的其他網站來搜尋想要的圖像風格，複製貼上 Prompt 就可以產生類似風格的 Logo 設計

中文 Logo：

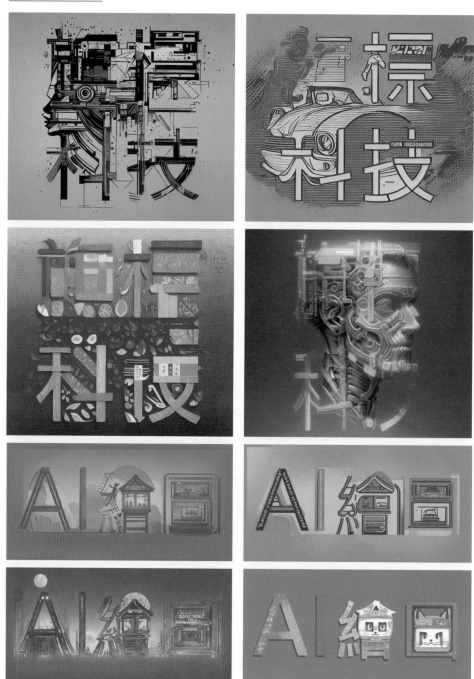

▲ **中文字也可以使用這個方法！**另外，因為 AI 是以我們提供的遮罩圖來改繪、填充風格，所以大多時候會保留原有的字體結構。有興趣的讀者可以自行更改遮罩圖的字體試試看。

6-4　使用 Stable Diffusion 來替換文字

　　我們現在已經知道如何產生圖案和文字 Logo 了，但如果我們想要保留原有的圖案商標，並替換 AI 生成的錯字，該怎麼做呢？聰明的讀者肯定想到了，我們可以結合 **6-1** 和 **6-2 節**的做法，先保留所生成的圖案商標，然後使用 Stable Diffusion 的 **ControlNet** 來替換掉原有的文字！步驟如下：

STEP 01　準備商標圖：

> **Tip**
>
> 注意！這邊所使用的圖像寬高比例為 1:1，讀者請記住自己的商標圖比例，因為後續使用 ControlNet 時，才能確保商標圖和文字遮罩圖的比例相同。

▲ 以 6-1 節所製作的商標圖為例，我們想將錯誤拼寫的文字替換掉

STEP 02　生成文字遮罩圖 (以 PPT 為例)：

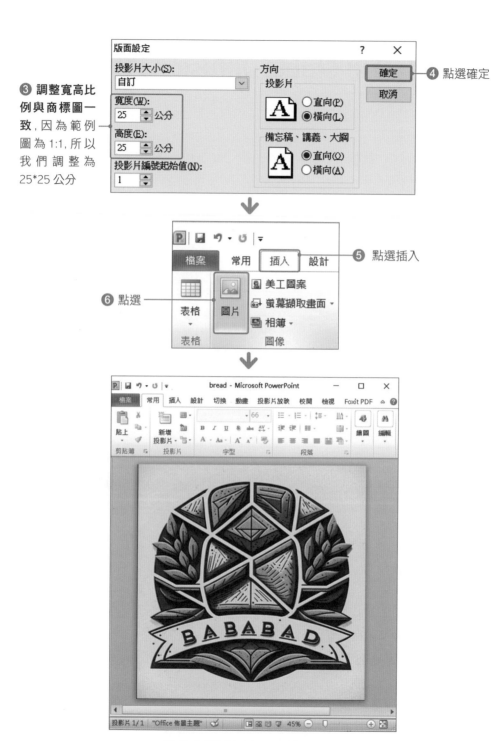

❸ 調整寬高比例與商標圖一致,因為範例圖為 1:1,所以我們調整為 25*25 公分

❹ 點選確定

❺ 點選插入

❻ 點選

❼ 將商標圖拖曳至投影幕大小

❽ 將文字加入至指定的位置

❾ 將商標圖移除並將背景替換為黑色

最後一樣儲存為 JPEG 檔即完成文字遮罩圖的製作

❶ 點選進入圖生圖

❷ 點選使用 Inpaint 功能

STEP 04 上傳商標圖並加上遮罩：

點選可以調整遮罩大小

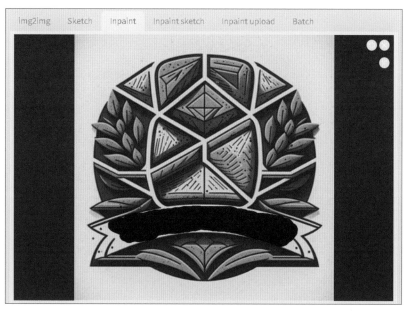

▲ 將欲修改的部位塗黑

STEP
05 開啟 ControlNet 功能並上傳準備好的文字遮罩圖：

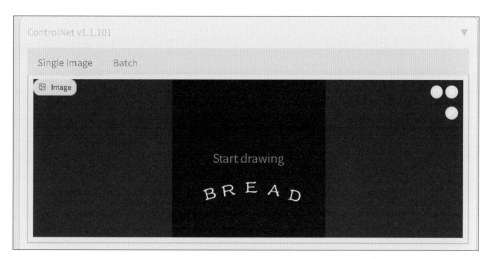

▲ 上傳剛製作好的文字遮罩圖

STEP 06 功能區選項調整：

① 選擇 Just resize   ② Mask blur 建議調整為 2~10

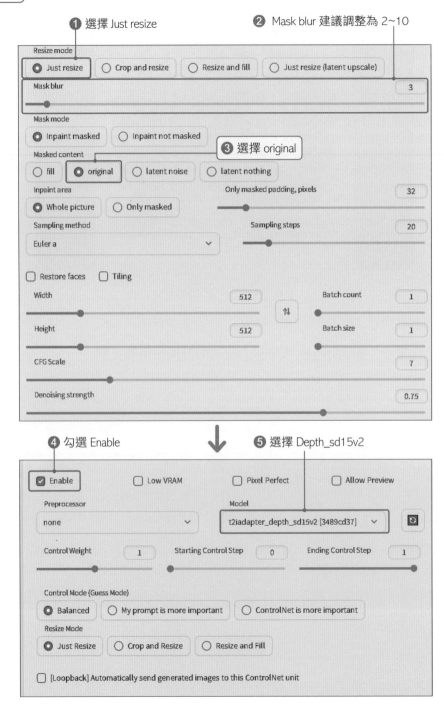

③ 選擇 original

④ 勾選 Enable   ⑤ 選擇 Depth_sd15v2

STEP 07 反查 Prompt 並生成圖片：

① 點選反查 Prompt, 效果會與原圖像相近   ② 生成圖片

▲ 最後成品

7

使用 AI 繪製
室內設計

很多人會使用 AI 繪圖工具來畫出人物
、動物,但除了這些以外,還有一個應
用可以與我們的生活相互連結,那就
是「室內設計」。在本章中,我們會使用
Leonardo 與 Stable Diffusion 等工具,以
平面設計圖或現實的空房照片為基礎,生
成理想的室內設計。只要輸入一個指令
一個 Prompt,就可以在原本空蕩蕩的房
間中快速設計出你想要的佈局!

7-1 使用平面圖來製作室內設計

在這一節中，我們需要事先繪製出簡易的平面設計圖，然後使用 Leonardo.ai 的 Edge to Image（邊緣檢測）功能來讓 AI 根據家中格局進行裝潢擺設。

> **Tip**
>
> 室內設計是一個相當專業的領域，在設計師進行設計時，需考慮到房屋的佈局、管線配置、家具尺寸等等複雜的問題。本書的內容僅是提供創意發想，讓讀者在構思創意時能有一個好的起點！

輕鬆產生平面設計圖

STEP 01　要讓 AI 畫出符合家中格局的室內設計圖，要先給它家中的平面圖才行。請先以小畫家或其他任何繪圖工具，繪製簡易平面設計圖：

> **Tip**
>
> 應該跟大部分的讀者一樣，筆者並非是室內設計專業。但我們只要輸入這種簡單的圖像，就能請 AI 幫我們發想創意，進行裝潢擺設。

◀ 此圖為筆者簡單畫出的平面設計圖，讀者可以使用其他繪圖軟體繪製出家中的簡單格局

02 上傳圖像至 Leonardo：

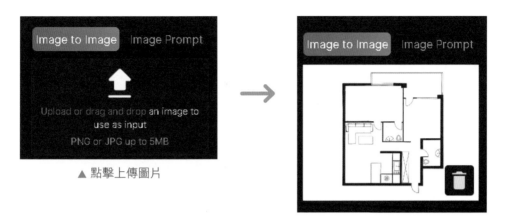

▲ 點擊上傳圖片

03 開啟 ControlNet 的 Edge to Image 功能：

❶ 開啟功能　❷ 選擇 Edge to Image

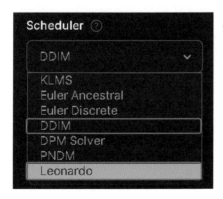

❻ 採樣方法建議選擇 Leonardo 或 DDIM

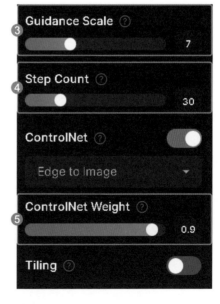

❸ 調整 Guidance Scale 為 5~10
❹ Step Count 建議使用 20~35
❺ ControlNet Weight 約為 0.8~1

STEP **04** 選擇模型：

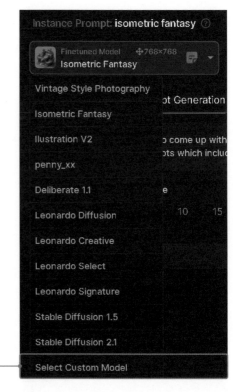

▲ 範例中使用 Isometric Fantasy，讀者可以切換不同的模型試試看

若 沒 有 此 模 型 的話，可以點選 Select Custom Model 來搜尋 ——

STEP **05** 輸入 Prompt 並產生圖像：

由於 AI 不清楚房間的格局規劃，為了更準確生成符合的平面設計圖，可以透過 Prompt 來敘述你的居住需求。

▲ 筆者這邊輸入的 Prompt 為「2 bedroom apartments plan design, home furniture, in the style of hyper-realistic, dustin nguyen, long distance and deep distance, aerial view ,pseudo-realistic, sudersan pattnaik, dark silver and light magenta, domestic realist」

　　生成的結果會幾乎按照我們的格局來規劃，由於筆者在 Prompt 有註明是兩間臥房，因此大致是呈現標準 2LDK 的格局，如以下所示：

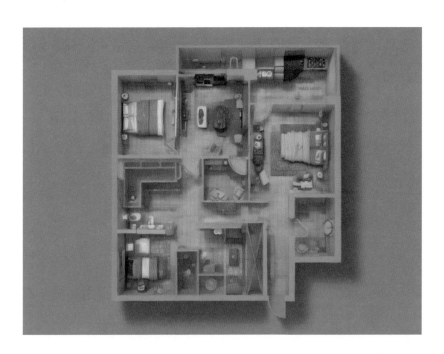

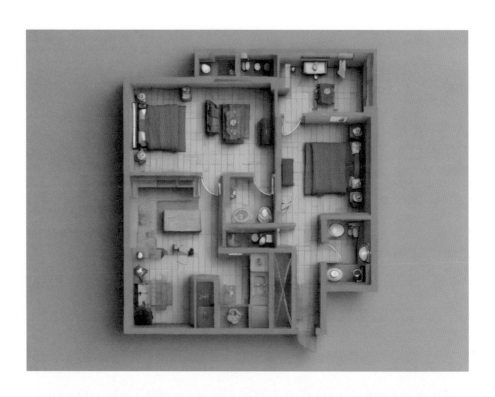

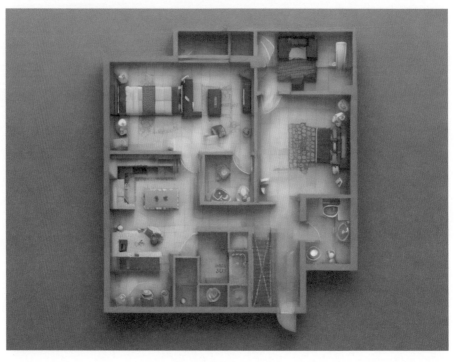

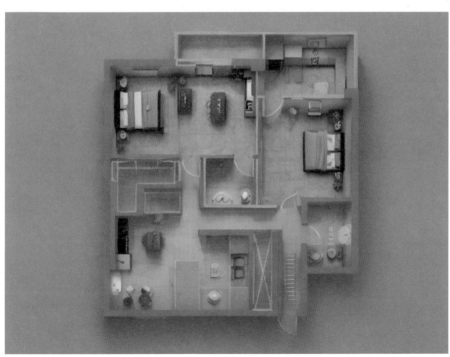

▲ 成品圖

若您手上並沒有房屋的平面設計圖檔案，可以找找有沒有當初建商提供的紙本，然後拍成照片、照著描。若真的沒有平面設計圖也無妨，只要簡單大概描繪格局，隔間的架構有出來就可以，或者若只是單純要測試功能，也可以自行搜尋「平面設計圖」即可找到。

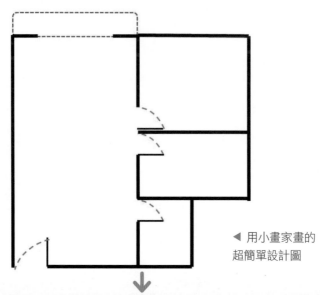

◀ 用小畫家畫的
超簡單設計圖

▲ 就算是超級陽春的平面設計圖也 OK！

局部修改

　對於上一步驟所產生的圖像, 我們發現有些房間的生成錯亂 (例如, AI 認為陽台為室內空間)。對於這個問題, 可以使用第 5 章中介紹過的編輯功能來進行修改。

▲ 整體風格還不錯, 但陽台的部分怪怪的

STEP
01
　使用 Leonardo 的編輯圖片功能:

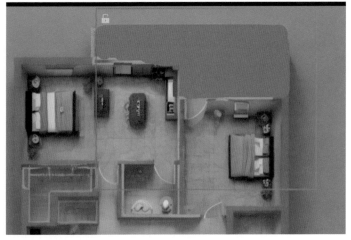

▲ 將欲修改的部位畫上遮罩, 若忘記如何使用此功能的話, 可回頭翻閱第 5 章

主要加上了陽台設計，植物等提詞

Balcony plan design, filled with plants, in the style of hyper-realistic, dustin nguyen, long distance and deep distance, aerial view , pseudo-realistic, sudersan pattnaik, dark silver and light magenta, domestic realist

STEP
03 　生成圖片：

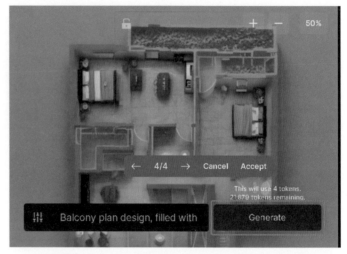

▲ 點擊生成按鈕後開始抽獎，直到選到喜歡的設計為止

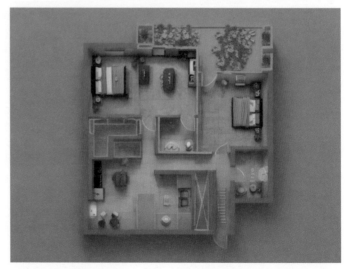

▲ 以此類推，我們可以一步一步來修改風格設計或家俱佈置

7-2 使用毛胚屋照片來進行室內設計

如果覺得平面設計圖不夠直覺，也可以直接使用拍攝好的照片，讓 Leonardo 幫我們生成更專業的立面圖或室內設計渲染圖，步驟如下。

STEP 01 準備毛胚屋照片：

STEP 02 使用 Leonardo 的 Edge to Image 功能：

▲ 此為筆者使用 AI 所繪製出的毛胚屋，讀者可以使用自行拍攝的照片

▲ Edge to Image 的基本步驟與 7-1 節大致相同，但這次將 ControlNet Weight 調整到 0.6~0.8 左右，AI 才能正常地擺放家具

可以描述一下這個空間大致想擺設哪些家具，然後輸入 Prompt 並生成圖片：

❶ 在 Prompt 中輸入「Perfect interior design, modern interior design, blue walls, wooden floor, a large TV on the wall , sofa:2 ,very realistic」

AI Generation Tool

Perfect interior design, modern interior design, blue walls, wooden floor, a large TV on the wall , sofa:2 ,very realistic

Finetuned Model　Deliberate 1.1　640×832　　None　　Add Negative Prompt　　　　Generate

❷ 模型使用 Deliberate　　　　　　　　　　　　　　　　　❸ 開始抽獎

▲ 成果圖

不同風格的室內設計

　　以下我們展示各種不同的裝潢風格,看起來大不相同的室內設計結果,其實都是源自同一張毛胚屋的照片:

Modern style (現代風)

◀ Prompt：Perfect interior design, **modern style**, home furniture, very realistic

Royal style (皇家風)

◀ Prompt：Perfect interior design, **royal style**, home furniture, very realistic

Country style (鄉村風)

◀ Prompt : Perfect interior design, **country style**, home furniture, very realistic

Industrial style (工業風)

◀ Prompt : Perfect interior design, **industrial style**, home furniture, very realistic

Medieval style (中世紀風)

◀ Prompt ： Perfect interior design, **medieval style**, home furniture, very realistic

7-3 Stable Diffusion 中的邊緣檢測

　　前面兩節都在介紹如何使用 Leonardo 來進行邊緣檢測，那 Stable Diffusion 有沒有辦法達到同樣的效果呢？當然可以！在這節中，我們會教你如何設定 txt2img 的 ControlNet，來達到與前兩節相同的效果，步驟如下。

STEP
01 開啟 Stable Diffusion 並進入到 txt2img：

▲ 筆者使用 **deliberate** 模型

▲ 進入 **txt2img** 頁面

STEP **02** 上傳圖片並調整 ControlNet 設定:

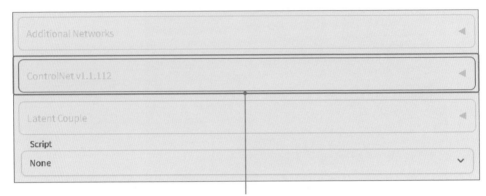

❶ 點選開啟 ControlNet

❷ 在上傳圖片區上傳毛胚屋照片

❸ 勾選　　❹ 選擇 mlsd　　　　　　　❺ 選擇 sd15_mlsd

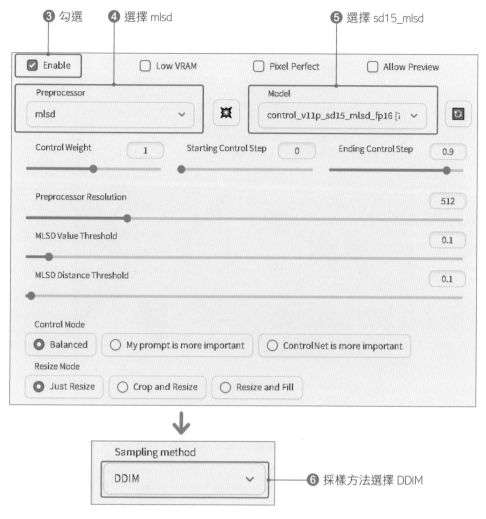

❻ 採樣方法選擇 DDIM

STEP
03 修改 Prompt 並生成圖片：

❶ 輸入「Perfect interior design, modern style, home furniture, very realistic」　　　❷ 生成圖片

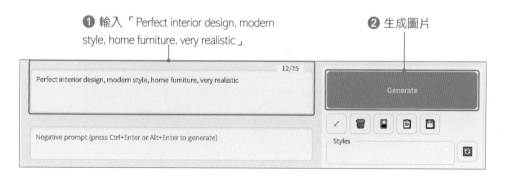

▲ 只需要幾秒鐘的時間，AI 就能幫我們發想十幾種不同的裝潢風格

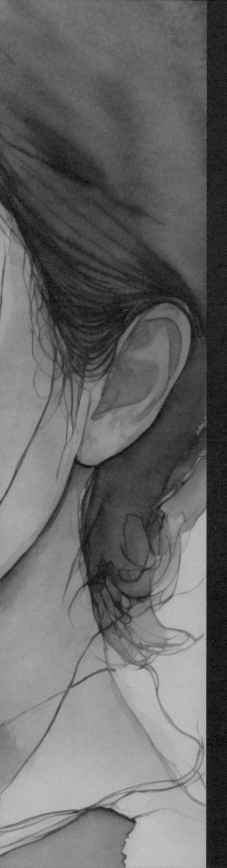

訓練你的專屬
AI 虛擬角色

閱讀到這邊的讀者,肯定用 AI 繪製出了
許多惟妙惟肖的圖像。但在製圖的過程
中,不知道你有沒有發現,即使輸入相同
的 Prompt,所生成的人物肯定每次都長
得不一樣。在這一章中,我們會回頭來講
之前提過的微調模型訓練,這可以讓 AI
記住你的角色,並生成相同人物的圖像。
這在製作相同主角的攝影集、繪本或漫
畫,都是非常好用的功能!

8-1 什麼是微調模型？

微調模型指的是在原有的模型上，進行架構更改或使用新資料集來訓練，讓 AI 可以學習新的**人物**、**物件**或**藝術風格**。目前 Stable Diffusion 的主流模型訓練分為兩種，分別是 Dreambooth 與 Lora。

Dreambooth 相當於傳統的模型訓練，每次訓練都會更改原神經網路的權重，也代表訓練完成後，我們會得到一個權重完全不同的新模型。而 Lora 在訓練時，不會改變原有神經網路的權重，而是在各層之間插入新的層，並針對「新層」來進行訓練。這樣做的好處是，訓練完成後，只要保存「新層」的權重，不用保存整個模型，這也輕量化了模型訓練。

◆ 表 8.1 微調模型比較

	Dreambooth	Lora
優缺點比較	訓練效果較好 花費時間較久 硬體需求配置高 (基本上需要頂規的顯卡了) 模型佔用空間大	訓練效果普通 花費時間短 雲端也能訓練 模型佔用空間小 可同時用多個Lora模型

綜觀以上的優缺點，我們可以發現，雖然 Dreambooth 的效果較好，但要訓練一個 Dreambooth 模型其實是相當困難的。除了要準備高規格的電腦設備外，可能還要花費非常大量的時間來進行模型調校。相較之下，Lora 模型的訓練時間非常短、模型檔案也非常小 (約幾十 MB)。此外，我們還能用其他方式來提升訓練效果，因此 Lora 模型訓練也是目前最夯的訓練方式。

在本章中，我們會從準備資料集開始，一步步地介紹如何使用 Leonardo 和 Stable Diffusion 來進行 Lora 模型訓練，讓我們開始吧！

8-2 如何準備「好的」資料集

在整個模型訓練過程中，準備「好的」資料集是最為重要的一步！若資料集不完整、圖像數量不足或角度不夠充分，很容易導致所生成人物臉部失真（你會嚇到 AI 到底在畫什麼鬼東西）。因此在這一小節中，我們先介紹如何準備「好的」資料集。

準備資料集

在這個範例中，我們準備了真人的圖像資料集。讀者可以使用自己拍攝的照片、捏臉（似顏繪）軟體、3D 建模、影集或動漫中的角色（請自行留意著作權問題）來建立資料集。在建立資料集時，需要注意以下幾點：

● 訓練 Lora 模型大約需要準備 15 張以上的照片（建議使用 30 張以上）
● 選擇多種角度的特寫照

▲ 範例照片，建議選擇多種角度的特寫照

● 額外加入一些半身照可以加強訓練效果

▲ 半身照

不 OK 的照片

以下是一些不 OK 的照片範例。

● 人像臉部過大、過小或有遮擋

▲ 人像臉部過大　　　　　▲ 人像臉部過小　　　　　▲ 臉部被頭髮及手遮擋

● 背景過度雜亂

▲ 複雜背景

▲ 背景複雜且臉部遮擋嚴重（墨鏡照最 NG）

● 過度曝光或曝光不足

▲ 過度曝光

▲ 曝光不足

圖像尺寸需調整為 512*512 或 768*768

當使用 Leonardo 或 Stable Diffusion 進行 Lora 模型訓練時,圖像的尺寸必須為 512 * 512 或 768 * 768。在完成圖像收集後,可以使用 **Birme 網站**來統一修改圖像尺寸,下面是修改尺寸的步驟:

STEP 01 進入 Birme 網站:

https://www.birme.net/

STEP 02 上傳圖像:

❶ 將要修改尺寸的圖像拖放到網頁上,或者點擊來選擇圖像

❷ 多選檔案後上傳

修改圖像尺寸並下載：

❷ 拖曳方格就可以一口氣
修改多張照片

❶ 設定圖像尺寸為 512*512（建議）

❸ 在右側功能列下方，
可選擇 **SAVE AS ZIP**
（存成壓縮檔）或
SAVE AS FILES
（存成多個檔案）

使用 fancaps.net 快速找到電影或動漫人物圖片

如果是想快速製作電影或動漫人物資料集的話，可以參照以下步驟：

STEP 01〉 輸入以下網址來進入 fancaps.net 網站：

https://fancaps.net/

STEP 02〉 搜尋人物圖片：

❶ 點選

❷ 搜尋圖片

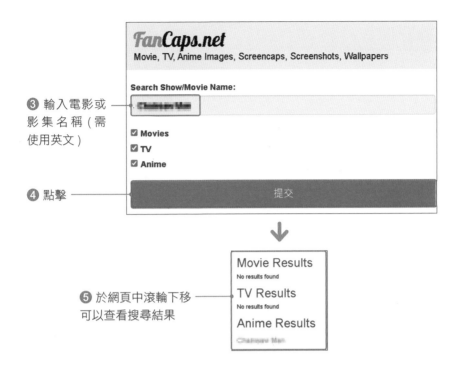

③ 輸入電影或
影集名稱 (需
使用英文)

④ 點擊

⑤ 於網頁中滾輪下移
可以查看搜尋結果

接著點擊想選擇的人像圖片並「**放到最大**」後, **點擊右鍵**並**另存圖片**為 JPG 格式即可。

挑選影像的步驟基本上與上一節相同, 抓取多角度的圖片、適時加入一些半身及全身照, 並避免使用臉部被遮擋、太黑或太亮的圖片。接著一樣使用 **Birme 網站**來統一修改照片尺寸, 這樣就可以輕鬆製作電影或動漫人物的資料集了!

8-2 微調模型訓練－Leonardo

準備好精挑細選的 30 張照片了嗎? 在這節中, 我們會介紹如何使用 Leonardo 來訓練模型, 並將我們的人物轉移到風格鮮明的圖像上, 讓我們開始吧!

建立訓練資料集及進行模型訓練

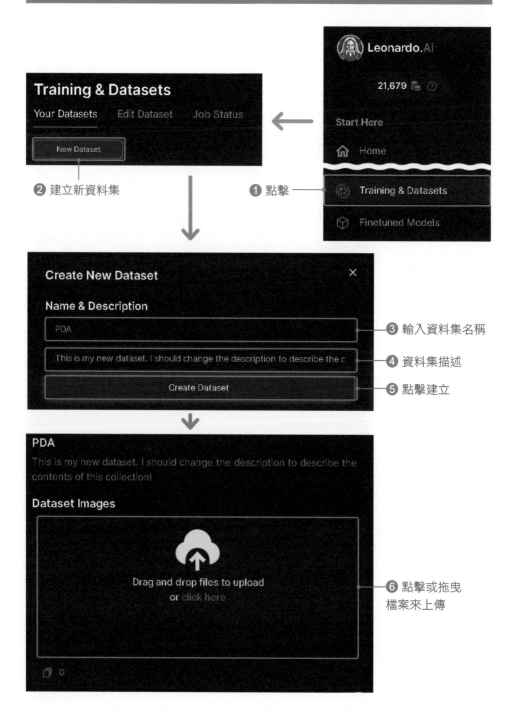

Training & Datasets

Your Datasets　Edit Dataset　Job Status

New Dataset

❷ 建立新資料集

Leonardo.Ai

21,679

Start Here

🏠 Home

❶ 點擊 ─── Training & Datasets

Finetuned Models

Create New Dataset ✕

Name & Description

PDA

This is my new dataset. I should change the description to describe the c

Create Dataset

❸ 輸入資料集名稱

❹ 資料集描述

❺ 點擊建立

PDA

This is my new dataset. I should change the description to describe the contents of this collection!

Dataset Images

Drag and drop files to upload
or click here

❻ 點擊或拖曳檔案來上傳

0

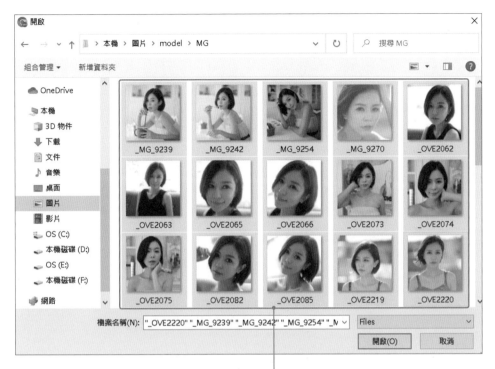

⑦ 多選檔案後上傳剛剛修改好尺寸的照片

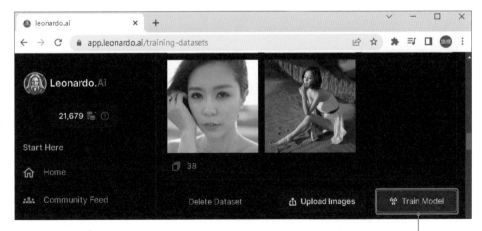

⑧ 點擊右下角的 Train Model

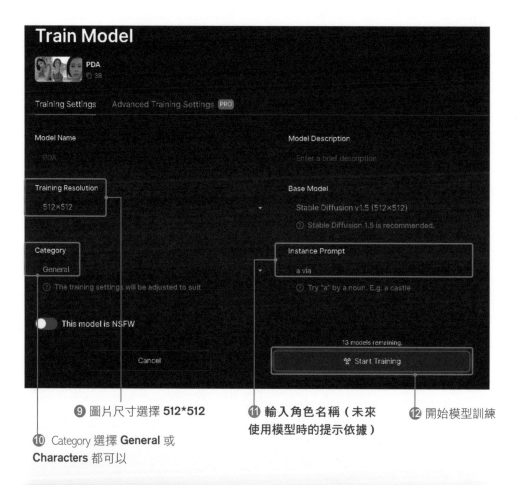

⑨ 圖片尺寸選擇 **512*512**

⑪ **輸入角色名稱（未來使用模型時的提示依據）**

⑫ 開始模型訓練

⑩ Category 選擇 **General** 或 **Characters** 都可以

▲ 可以點擊 View Status 來查看訓練狀況，訓練時間約需花費 10~20 分鐘

以圖生圖來轉移圖像風格

模型訓練好後，就可以將模型套用到喜歡的圖像上，以此生成與原圖類似風格的圖像，步驟如下：

STEP 01 進入主頁並選擇圖像：

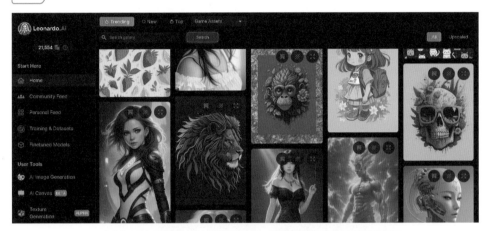

▲ 到主頁來選擇喜歡的圖像風格，點擊圖像後會跳出描述框

❶ 點擊 Image2Image

2 開啟模型選單

3 點擊
Select Custom Model

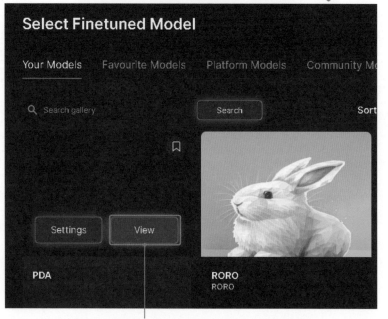

4 滑鼠移動到剛剛訓練好的模型上，點擊 **View**

⑤ 點擊

STEP
02 微調功能區選項：

▲ 回到圖像生成區，確認已經切換到我們自己訓練的模型

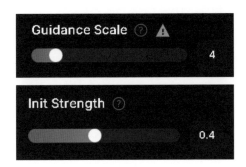

◀ 在左側的功能區，建議 Guidance Scale 與 Init Strength 的起始值可以設置為 4 跟 0.4，然後根據生成的圖片上下微調

❶ 輸入剛剛設定的角色名稱

❸ 輸入 Negative Prompt　　❷ 開啟選項　　❹ 點擊生成

✣ 萬用咒語 - 常用的負向 Prompt （可開啟檔案「Ch08- 萬用咒語」來複製）

(((2 heads))), (((duplicate))), ((malformed hand)), ((deformed arm)), blurry, abstract, deformed, figure, framed, 3d, bad art, poorly drawn, extra limbs, close up, weird colors, watermark, blur haze, long neck, elongated body, cropped image, out of frame, draft, (((deformed hands))), ((twisted fingers)), double image, ((malformed hands)), multiple heads, extra limb, ugly, ((poorly drawn hands)), missing limb, cut-off, grain, bad anatomy, poorly drawn face, mutation, mutated, floating limbs, disconnected limbs, out of focus, long body, disgusting, extra fingers, cloned face, missing legs

調整圖像

　　一開始很常生成出各種三頭六臂、牛鬼蛇神的奇怪圖像，別擔心，這邊提供幾個調整建議，讓生成的圖像能夠漸漸正常。

a via, ASHLY YAMILE ARTEAGA BLANQUILLO, starfire, young pale skinny white girl, red hair, full...
Negative prompt: (((2 heads))), (((duplicate))), ((malformed hand)), ((deformed arm)), blurry, abstract,...

▲ 很容易會產生奇形怪狀的圖像，不用擔心

　　圖像調整建議：

- 如果發現臉部或身體被擠壓，建議調高圖像的高度
- 如果出現兩顆頭，代表圖像的尺寸太長了，需要調降圖像高度
- 臉部出現失真的話，可以漸漸調高 Guidance Scale 的範圍為 4 ~ 10，調降 Init Strength 為 0.25 ~ 0.4
- Guidance Scale 和 Init Strength 建議反向調整（一個調高，另一個就調低）
- 如果沒辦法解決臉部失真的問題，就換張圖生圖吧！盡量選擇與訓練 Model 臉部「比例相符」的圖像

調整後結果：

▲ 將圖像調整成 512*1024 就好多了！

其他成品圖：

 透過訓練模型所生成的 Model 照

✿ 家中的寵物兔也能拿來訓練模型

前面有提過，微調模型不只能夠學習「人像」，還能學習風格或各種物件，甚至是家中養的寵物兔也能拿來訓練專屬模型。有興趣的讀者也可以拍攝家中的寵物然後參照前面的訓練步驟來重繪自家寵物！

▲ 兔子本人照

▲ AI 所生成的兔子照，有抓到兔子的特徵

8-3 微調模型訓練—Stable Diffusion

雖然 Leonardo 的訓練步驟很簡單，但其實訓練效果非常有限，使用過的讀者應該可以發現，若僅使用 Leonardo 的文生圖功能，模特兒的臉部非常容易變形。而 Stable Diffusion 的 Lora 經過多次改良，目前的效果已經非常不錯了！在這節中，我們將從製作雲端資料集開始，詳細地介紹如何使用 Colab 來訓練 Lora 模型。

使用 Dataset Maker 快速製作資料集

STEP 01 開啟 Dataset Maker 的 Colab 網址：

https://bit.ly/F3359_datasetmaker

STEP 02 登入帳號並執行：

❸ 執行　　　❷ **輸入專案名稱**（可自行設定）　　　❶ 登入 Google 帳號

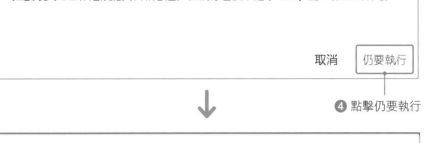

警告：這個筆記本並非由 Google 編寫

這個筆記本是從「**GitHub**」載入，可能會要求存取你儲存在 Google 的資料，或是讀取其他工作階段的資料和憑證。在執行這個筆記本之前，請先檢查原始碼。

取消　　仍要執行

❹ 點擊仍要執行

要允許這個筆記本存取你的 Google 雲端硬碟檔案嗎?

這個筆記本要求存取你的 Google 雲端硬碟檔案。獲得 Google 雲端硬碟存取權後，筆記本中執行的程式碼將可修改 Google 雲端硬碟的檔案。請務必在允許這項存取權前，謹慎審查筆記本中的程式碼。

不用了，**謝謝**　　連線至 Google 雲端硬碟

❺ 點擊

確認「**Google Drive for desktop**」是您信任的應用程式

這麼做可能會將機密資訊提供給這個網站或應用程式。您隨時可以前往 Google 帳戶頁面查看或移除存取權。

瞭解 Google 如何協助您安全地分享資料。

詳情請參閱「Google Drive for desktop」的《隱私權政策》和《服務條款》。

取消　　允許

❻ 點選允許，此程式會在你的雲端硬碟建立
Loras / < 專案名稱 > / dataset 的資料夾

▲ 另開一個 Google 雲端硬碟的新分頁，進入到 **drive /
Loras / <專案名稱> / dataset** 的資料夾中

▲ 將我們於 8-2 節準備好的檔案上傳

STEP 04 回到 Dataset Maker 並執行第 4 和第 5 個儲存格：

② 點選執行 　 ① 選擇標記方法，此處是使用照片要選擇 **Photo captions**
（若是動漫人物則選 **Anime tags**）

④ 點選執行 　 ③ 輸入角色名稱

▲ 如果我們回到 Google 雲端資料集中，會發現每個檔案旁都多出了 txt 檔，此為每張照片的 Prompt 描述

Tip

注意！我們跳過了 Dataset Maker 中第 2 和第 3 個儲存格，這兩個儲存格是使用 Gelbooru 來自動抓取動漫角色的圖片，因為有版權爭議，加上容易包含許多裸露的圖片，建議還是使用自定義的資料集為主。

雲端一鍵訓練 Lora 模型

準備完雲端資料集後，我們馬上就可以來進行模型訓練了，步驟如下。

STEP 01 開啟訓練 Lora 的 Colab 網址：

https://bit.ly/F3359_Lora

❹ 一鍵執行訓練　　　❶ 輸入與剛剛相同的專案名稱

🏁 **Start Here**

▶　📄 **Setup**

Your project name will be the same as the folder containing your images. Spaces aren't allowed.

project_name:　"PDA"

The folder structure doesn't matter and is purely for comfort. Make sure to always pick the same

folder_structure:　Organize by project (MyDrive/Loras/project_name/dataset)

Decide the model that will be downloaded and used for training. These options should produce cl

training_model:　Stable Diffusion (sd-v1-5-pruned-noema-fp16.safetensors)

optional_custom_training_model_url:　"在這裡插入text

custom_model_is_based_on_sd2:　☐

❷ 選擇訓練模型（建議選擇 Stable Diffusion）

This option will train your images both normally and flipped, for no extra cost, to learn more from them. Turn it on specially if you have less than 20 images.
Turn it off if you care about asymmetrical elements in your Lora.

flip_aug:　☐

---

❸ 勾選 **flip_aug** 會翻轉圖像來加倍資料量，如果**資料量不足**且角色沒有太多的非對稱元素（例如，半身紋身或非對稱髮型）則建議開啟。其他的設定選項建議依據預設即可

```
     enable LoRA for text encoder
     enable LoRA for U-Net
...  prepare optimizer, data loader etc.

===================================BUG REPORT===================================
Welcome to bitsandbytes. For bug reports, please submit your error trace to: https://github.com/TimDettmers/bitsandbytes/issues
For effortless bug reporting copy-paste your error into this form: https://docs.google.com/forms/d/e/1FAIpQLScPB8emS3Thkp66nvgmm1TEgxp8Y9ufuHT
CUDA_SETUP: WARNING! libcudart.so not found in any environmental path. Searching /usr/local/cuda/lib64...
CUDA SETUP: CUDA runtime path found: /usr/local/cuda/lib64/libcudart.so
CUDA SETUP: Highest compute capability among GPUs detected: 7.5
CUDA SETUP: Detected CUDA version 118
CUDA SETUP: Loading binary /usr/local/lib/python3.10/dist-packages/bitsandbytes/libbitsandbytes_cuda118.so...
use 8-bit AdamW optimizer | {}
override steps. steps for 10 epochs is / 指定エポックまでのステップ数: 1000
running training / 学習開始
  num train images * repeats / 学習画像の数×繰り返し回数: 200
  num reg images / 正則化画像の数: 0
  num batches per epoch / 1epochのバッチ数: 100
  num epochs / epoch数: 10
  batch size per device / バッチサイズ: 2
  gradient accumulation steps / 勾配を合計するステップ数 = 1
  total optimization steps / 学習ステップ数: 1000
steps:   0% 0/1000 [00:00<?, ?it/s]epoch 1/10
steps:  10% 100/1000 [00:56<08:28,  1.77it/s, loss=0.112]saving checkpoint: /content/drive/MyDrive/Loras/penny/output/penny-01.safetensors
epoch 2/10
steps:  20% 200/1000 [01:53<07:33,  1.76it/s, loss=0.103]saving checkpoint: /content/drive/MyDrive/Loras/penny/output/penny-02.safetensors
epoch 3/10
steps:  30% 300/1000 [02:49<06:36,  1.77it/s, loss=0.106]saving checkpoint: /content/drive/MyDrive/Loras/penny/output/penny-03.safetensors
epoch 4/10
steps:  31% 309/1000 [02:55<06:31,  1.76it/s, loss=0.11]
```

損失數字越小代表模型「可能」訓練得越好，
可先記住哪個階段的訓練損失最小

整個訓練過程會花費半個小時左右，總共會訓練十次，每次會產生一個副檔名為 safetensors 的檔案。在訓練過程中，會看到每個階段的**訓練損失 (loss)**，這個數字代表在驗證階段時的「**誤差**」(簡單來說，可以想像成模型沒認出人像的失敗率)，可以先記住哪個階段的損失最小，通常會使用「**損失最小**」及「**最後**」階段產生的模型。

完成訓練後，模型會儲存在
雲端硬碟中的 output 資料夾

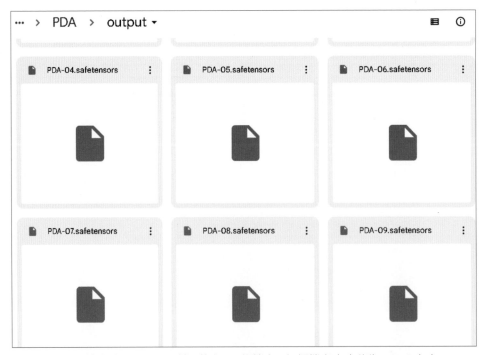

▲ 模型會儲存成 safetensors 檔，共有 10 個檔案，每個檔案大小約為 20MB 左右。
此為模型於各個訓練階段所保存的檔案，可以**先將模型都保存到本機位置上**

於 Stable Diffusion 上使用 Lora 模型

完成模型訓練後，我們可以將訓練好的 Lora 模型套用在不同的 Stable Diffusion 模型中。如果想要讓生成的圖像更像真人，可以選擇真實風的 Realistic Vision 或正妹風的 ChilloutMix；若想讓圖像更有藝術感，則可以選擇美版風的 Deliberate 或 ReV Animated（讀者可以參考第 3 章來選擇不同的模型風格）。在接下來範例中，我們會使用 Deliberate 模型。

STEP
01 先於 Colab 主頁中選擇喜歡的模型後運行：

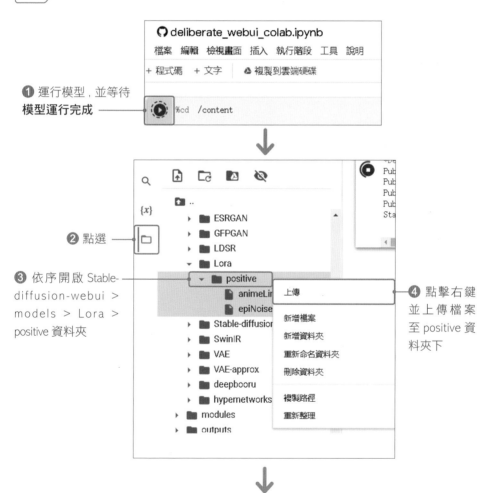

❶ 運行模型，並等待**模型運行完成**

❷ 點選

❸ 依序開啟 Stable-diffusion-webui > models > Lora > positive 資料夾

❹ 點擊右鍵並上傳檔案至 positive 資料夾下

▲ 上傳剛剛下載的 Lora 模型，建議上傳編號 10 及損失最小的檔案

STEP
02 開啟 Stable Diffusion
頁面並選擇 Lora 模型：

❶ 在文生圖的頁面中，點選
Generate 底下的人像圖示

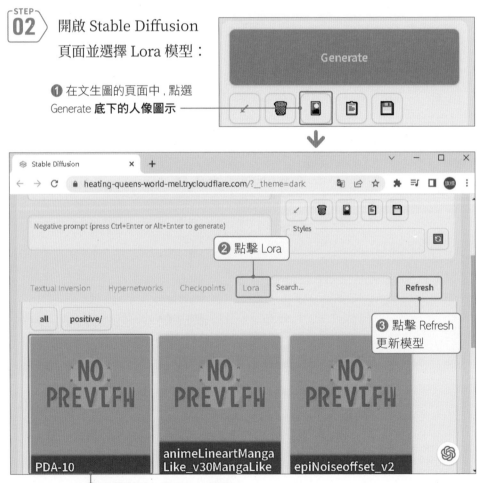

❹ 點擊剛剛上傳的 Lora 模型

▲ 於 Prompt 輸入框中 , 會出現使用該模型的**關鍵提詞** <lora: 模型名稱 **:1**>

Tip

如果我們想在 Stable Diffusion 中使用我們或其他人訓練的 Lora 模型 , 需要先將 Lora 模型上傳後 , 接著輸入啟用此模型的關鍵提詞 <lora: **模型名稱 : 權重** >, 其中**權重**代表 Lora 模型對生成圖像的影響程度。

我們可以**輸入多個關鍵提詞**並透過**調整權重**來同時啟用多個 Lora 模型 (舉例來說 , 輸入 <lora: 模型一：0.7>, <lora: 模型二：0.3>), 這樣能讓生成的圖像融合多個 Lora 模型的特徵。

調整功能區選項、輸入 Prompt 並生成圖像：

建議採樣方法選擇 DPM++ 系列 , 生成的人物圖像會較精緻。Prompt 可以依據以下來進行修改 , 你也可以輸入自定義的 Prompt。但是 , 請記得添加「**之前設定的主要提詞**」和「**<Lora: 模型名稱 :1>**」。

❋ 萬用咒語 -Lora prompt (可開啟檔案「Ch08- 萬用咒語」 來複製)

你設定的主要提詞 , (masterpiece) , realistic, (best quality:1. 4), (ultra highres:1. 2), (photorealistic:1. 4), (8k, RAW photo:1. 2), (soft focus:1. 4), (blazer) , white shirt, suit pants , posh, (sharp focus:1. 4), detailed beautiful face, black hair, (detailed blazer:1. 4), tie, beautiful white shiny skin, smiling , <Lora: 模型名稱 -10:1>

→ 接下頁

txt2img	img2img	Extras	PNG Info	Checkpoint Merger	Train	Batchlinks Downloader	Deforum

98/150

via , (masterpiece:1. 0), (full body, full entire body) , realistic, (best quality:1. 4), (ultra highres:1. 2), (photorealistic:1. 4), (8k, RAW photo:1. 2), (soft focus:1. 4), (blazer) , white shirt, suit pants , posh, (sharp focus:1. 4), detailed beautiful face, black hair, (detailed blazer:1. 4), tie, beautiful white shiny skin, smiling , <lora:PDA-10:1>

145/150

{{{2 heads}}}, {{{duplicate}}}, {{malformed hand}}, {{deformed arm}}, (dark circles), {{nude}} , blurry, abstract, deformed, figure, framed, 3d, bad art, poorly drawn, extra limbs, close up, weird colors, watermark, blur haze, long neck, elongated body, cropped image, out of frame, draft, {{{deformed hands}}}, {{twisted fingers}}, double

Generate

Styles

▲ 而負向提詞可以輸入 P8-16 頁使用過的負向提詞

成品圖：

　　相較於 Leonardo, 可以發現 Stable Diffusion 所生成的模型臉部非常穩定, 較不容易出現毀容、失真等狀況。接著在下一章中, 我們會介紹如何一步步地修改圖像細節、加入鏡頭、光圈, 來生成好比專業攝影師拍攝的模特照。

讓 AI 變身成
專業攝影師

我們知道 AI 可以幫我們生成各式各樣的
圖像，但你可能會發現生成人物肖像或靜
物拍攝照片時，照片的構圖、畫面並沒有
想像中的好看。不用擔心，本章會帶給讀
者簡單的攝影 Prompt 用法，讓 AI 成為
你的專業攝影師。

9-1 模特兒角度怎麼擺

第一個要介紹的重點就是模特兒的拍攝角度，一般若沒有特別說明時，生成出的圖像大部分是正面。如果想改變模特兒的拍攝角度，我們可以於 Prompt 中輸入以下表格中的提詞。

◆ 表 9.1 模特兒的拍攝角度

拍攝角度	Prompt
正面	portrait angle, headshot
背面	back view photo
側面	side view photo , side angle
仰視	low camera angle
俯視	high camera angle , look up
鳥瞰	aerial view , drone angle
特寫	closeup shot
半身特寫	medium-full shot
全身特寫	full-body shot

以下皆為使用 Stable Diffusion 所生成的圖像：

▲ portrait angle（正面照）

▲ back view photo（背面照）

▲ side view photo（側面照）

▲ low camera angle（仰視照）產生向下看的效果

▲ high camera angle（俯視照）產生向上看的效果

▲ aerial view（鳥瞰照）向上幅度更高，此提詞也適合繪製一些空拍風景圖

▲ closeup shot（特寫照）

▲ medium-full shot（半身特寫）

▲ full-body shot（全身特寫）

在生成全身特寫照時，請一併調整圖像的長寬比，以確保模特兒的身材不會變形或被裁掉。另外，若希望模特兒的身材比例看起來更高挑好看，可以在輸入 Prompt 時加入相關的提詞，例如「full body」、「tall」、「leggy beauty」、「perfect body proportions」等。

9-2 專業攝影技巧

在使用 Prompt 進行 AI 繪圖時，有很多種不同的輸入方式可以選擇。除了一般的人物、姿勢和背景等提詞，我們還可以利用**相機鏡頭**、**光圈**和**焦距**等「專業攝影提詞」，以進一步提升畫面質感。這一章節將逐一介紹專業攝影相關的 Prompt，從此擺脫被女友嫌棄的拍照技術！

專業單眼相機型號

添加相機型號的 Prompt 可以讓生成的圖像加入拍攝真實感，通常會選用 Canon、Nikon 或 Sony 等廠牌，DSLR 則代表數位單眼相機，常用的型號可參考下表。

◆ **表 9.2 相機型號 Prompt**

	相機型號		
Prompt	Canon 5D Mark IV DSLR	Nikon Z7 II DSLR	SONY a7 DSLR
	Canon EOS R5 DSLR	Nikon D300 DSLR	SONY a9 DSLR

◀ 加入 Canon 5D Mark IV DSLR 所生成的圖像。圖像會加入單眼拍攝的真實感，並添加該相機特有的焦距、景深等特色

相機型號並不是越高階、越新越好，AI 可能會認不得，比較多人用才重要。

鏡頭焦距

短焦距視野廣，適合大部分的含景照片；而長焦距視野窄，適合拍攝人物的半身照或特寫照。通常標準焦距的 Prompt 會使用 **focal length 50 mm**、長焦距為 **70 mm**，而短焦距則為 **24 mm**，範例如下。

▲ focal length 24 mm
景色一併帶入畫面

▲ focal length 70 mm
強調人物特寫

光圈

光圈的大小可以改變景深的深淺。光圈越大，景深越淺（前清後朦）；光圈越小，景深越深（主體跟背景都清楚）。舉例來說，如果要設定大光圈，我們可以在 Prompt 中輸入 **aperture f/1.2**，來讓景深較淺，背景會有朦朧美。

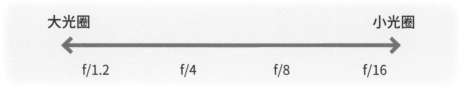

▲ 光圈大小排序

▲ aperture f/1.2（大光圈）
景深較淺，人物更加突出

▲ aperture f/16（小光圈）
景深較深，背景沒那麼模糊

快門

長的快門可以將物體的律動呈現出來，而短快門可以捕捉照片景物瞬間的畫面。我們可以在 Prompt 中輸入 shutter ＜**秒數** ＞來更改快門速度。

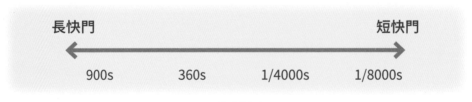

▲ 快門速度

▲ shutter 900s（長快門）
捕捉車流流動的畫面

▲ shutter 1/8000s（短快門）
捕捉車子行駛的瞬間

◀ 而短快門也適合拍攝人
物的動態瞬間，讀者可以
根據需求加入快門的秒數
作為輔助，讓照片呈現的
狀態更明顯

9-3 高品質 Prompt 大集合

在上一節中，我們介紹了一些簡單的攝影概念以及 Prompt 的用法，結合相對應的人物描寫就能生成出專業的人物特寫照片。在這節中，我們整理了一些生成高品質圖像時很好用的 Prompt。有效地利用這些 Prompt，可以讓圖像的細節與精緻度進一步地提升。

◆ 表 9.3 常用的高品質 Prompt

中文名稱	Prompt
傑作	masterpiece
圖像品質	best quality, ultra highres
解析度	resolution 4K, resolution 8K
高清晰度	high sharpness、ultra high definition
攝影照	professional photography, photorealistic, RAW photo
感光度	ISO 200, ISO400 ,ISO 800, ISO 1600
精緻的細節	exquisite detail、delicate picture、highly detailed
景深	DOF、depth of field
聚焦	sharp focus
光線追蹤	ray tracing
柔光	soft light
極光	volumetric light
背光	rim light
自然光	natural lighting
人造光	artificial light
完美對比	perfect contrast
完美色彩	awesome full color
藝術攝影	artistic photography
錯綜複雜的細節	intricately detailed
寫實封面照片	hipereallistic cover photo
unsplash 照片	portrait featured on unsplash
遠景	distant view

這裡挑出幾個較少見的詞彙做說明：

- masterpiece（傑作）：在生成高品質圖像時絕對要添加的提詞。

- sharp focus（聚焦）：在畫面上對人物的表情、動作或物品有更精細的呈現，其他部分則相對模糊。

- ray tracing（光線追蹤）：一種渲染技術，可以生成非常真實的光線反射、照明效果。

- perfect contrast（完美對比）：自動調整畫面的色彩對比度，讓畫面不會過於鮮豔或黯淡。

- awesome full color（完美色彩）：更豐富的色彩呈現。

- portrait featured on unsplash（unsplash 照片）：模仿在 unsplash 網站上許多專業攝影的肖像照。

- distant view（遠景）：添加眺望感，繪製更遠的景色

9-4 實作範例：如何拍出好看的美食照

如果要生成好看的食物照，筆者目前最推薦的模型為 Midjouney v5。我們可以依序設想**主題**、**背景**與**圖像細節**、**風格**，然後加入前文介紹過的**相機細節**和**拍攝角度**來生成有質感的食物照。以下為範例 Prompt 及使用 Midjouney v5 所生成的圖像。**熟悉 ChatGPT 的讀者也可以將下列的範例依照第 2 章中的教學輸入 ChatGPT 內，讓 ChatGPT 生成圖像的相關細節。**

牛肉麵

Prompt :
food photograph of Taiwan beef ramen, soup with stack beef and
vegetables, ◀──主題
bowl on a wooden table , meticulously detailed, ◀──背景與圖像細節
in the style of dark and moody still lifes, soft light, ◀──光線與風格
Canon 5D Mark IV DSLR, 8k resolution, focal length 70 mm , ISO 200 ,
exquisite detail , masterpiece , ◀──相機細節
side view photo ◀──拍攝角度

牛排

Prompt :
food photograph of well-done steak , ◀──主題
with spices on a wooden board , meticulously detailed,◀──背景與圖像細節
in the style of ildiko neer, uhd image, soft light, ◀──光線與風格
SONY a9 DSLR, 32k uhd, sharp focus , focal length 70 mm , ISO 200 ,
exquisite detail , ◀──相機細節
aerial view photo ◀──拍攝角度

漢堡

Prompt :
```
food photograph of hamburger, ←──主題
in cafe background on a wooden board ,surreal complexity details, ←
                                                    背景與圖像細節

white lighting, Chiron Crash, lithography, ←──光線與風格
NIKON D300, 32k uhd, 50mm ,f/1.4, ISO 400, ←──相機細節
closeup shot ←──拍攝角度
```

燒肉

Prompt :
```
deliciously grilled meat at a yakiniku restaurant, ←──主題
with flames licking the marbled cuts of meat and diners enjoying their
meal in the background, ←──背景與圖像細節
warm and appetizing color scheme with the glow of the charcoal fire, ←
                                                           光線與風格

Nikon D850, 35mm lens, f/1.8, 1/100s, ISO 800, ←──相機細節
close-up shot from a side angle ←──拍攝角度
```

Pizza

Prompt:
appetizing, freshly baked pizza with various toppings, ←──主題
placed on a wooden table surrounded by ingredients like basil,
tomatoes, and cheese, ←──背景與圖像細節
natural and vibrant color scheme with soft, even lighting,←──光線與風格
Canon EOS 5D Mark IV, 24-70mm lens, f/2.8, 1/80s, ISO 400,←──相機細節
top-down perspective ←──拍攝角度

冰淇淋

Prompt:
tantalizing scoops of assorted ice cream flavors in a glass sundae
dish, ←──主題
garnished with fresh fruits, chocolate shavings, and a drizzle of
syrup, set against a bright and minimalistic background,←──背景與圖像細節
vivid and cool color scheme with soft, natural lighting,←──光線與風格
Fujifilm X-T4, 56mm lens, f/2.0, 1/125s, ISO 200, ←──相機細節
closeup shot ←──拍攝角度

甜點

Prompt :
food photograph of strawberry cake, ◀━━主題
in a bakery setting with pastries and cakes on display in the
background, ◀━━背景與圖像細節
bright and bold color scheme, with shades of pink and red throughout
the image, ◀━━光線與風格
Canon EOS R6, 35mm lens, f/2.8, 1/60s, ISO 800, ◀━━相機細節
closeup shot ◀━━拍攝角度

調酒

Prompt :
food photograph of moody cocktail, ◀━━主題
in a dimly-lit bar, with a bartender in the background and various
bottles and tools on the counter, ◀━━背景與圖像細節
dark and shadowy color scheme with warm amber and gold accents, ◀━━
光線與風格

Sony A7 III, 50mm lens, f/2.8, 1/50s, ISO 3200, ◀━━相機細節
low camera angle ◀━━拍攝角度

10

網拍業者必看 - AI 明星幫你代言

想賣衣服卻找不到好看的模特兒嗎？自己拍攝的服裝照總是醜醜的？如果你也這樣想的話，那你肯定不能錯過這個部分。在這一章中，我們會介紹如何「擺弄」AI 模特的姿勢，並教你如何幫 AI 模特「換衣」！

10-1 Stable Diffusion 的 ControlNet 功能

在第 9 章中，我們介紹過如何使用 Lora 來訓練一個專屬模特兒。而在第 10 章中，我們學會使用 Prompt 來調整模特兒的拍照角度或是添加其他的專業攝影技巧。但不知道你有沒有發現，僅使用 Prompt 的話，很難控制模特兒的拍照姿勢或是穿上指定的服裝。而在這一章中，我們會在前兩章的基礎上做延伸，介紹 Stable Diffusion 的進階 ControlNet 功能。

進階 ControlNet 功能

其實我們在商標與室內設計的章節已經偷偷使用過 ControlNet 的 **depth（深度圖）**和 **MLSD（直線檢測）**功能了。本書希望以循序漸進並搭配實作的方式來介紹 Stable Diffusion 的各種進階功能，閱讀到這邊的讀者，應該深刻地體會過 ControlNet 的強大之處了。簡單來說，ControlNet 能夠讓新生成圖像的**構圖**，與原圖像一致。以下為幾種常用的 ControlNet 功能。

● Canny（邊緣檢測）：

▲ Canny 為最常用的邊緣檢測功能，它會**檢測原圖中的圖像線條**，並以此為構圖來生成新圖片。其他的邊緣檢測方法還有 Soft Edge，有興趣的讀者可以自己試用看看

● Depth（深度圖）：

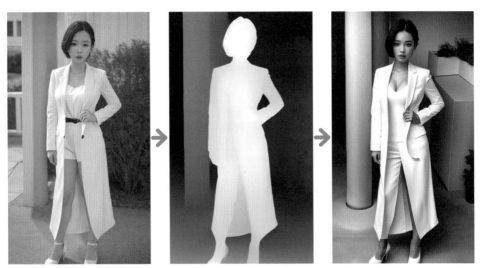

▲ Depth 會將原圖以**黑白檢測**的方式呈現，其中白色代表最前景，而顏色越黑表示景物越遠。透過這項功能，可以有效地分割圖像中的不同物件（這個功能很適合玩神奇寶貝的猜猜我是誰）

● MLSD（直線檢測）：

▲ MLSD 有點類似 Canny，但不同的是，它是**檢測原圖中的直線**。MLSD 適合用在生成建築物或較多直線的圖像上，用在人像上則會有一種俐落感

- Openpose：

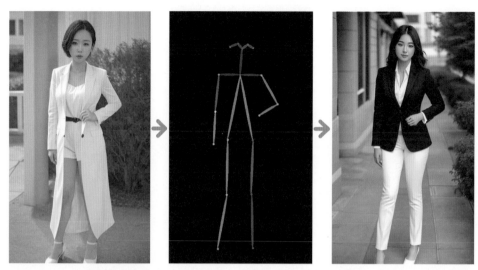

▲ Openpose 會**偵測模特的姿勢**並重新繪圖。新圖僅僅保留模特的姿勢，我們可以隨意替換模特兒的長相、服裝、背景。另外，Openpose 還有手指和臉部版本，可以用來固定模特的手部姿勢和表情

- Normal Bae：

▲ 跟其他檢測方法相比，Normal Bae 可以更好地**保留 3D 特徵**，可保留人物的身材曲線或服裝剪裁

● Seg：

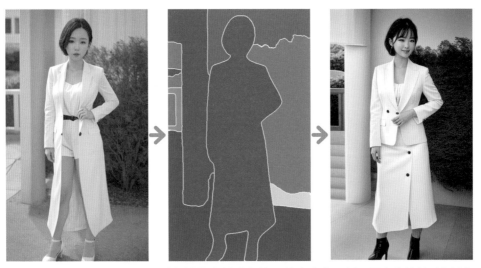

▲ Seg 的全名為 Segmentation，這個功能會以「**色塊**」的方式來分割原圖中的物件，這種生成方式也會導致新圖與原圖的差異較大

10-2 控制 AI 模特兒姿勢

在這一節中，我們選擇使用 Chillout_mix 模型，並沿用第 8 章中所訓練的 Lora。來介紹如何使用 Openpose 功能來控制模特兒的姿勢。

控制模特兒姿勢

使用 OpenPose Editor 的步驟如下：

STEP 01 開啟 Stable Diffusion 後，於標籤頁選擇 OpenPose Editor：

Deforum | OpenPose Editor | CivitAi

STEP 02 調整圖像尺寸：

❶ 自定義圖像尺寸,**建議與接下來所生成的圖像尺寸相符**

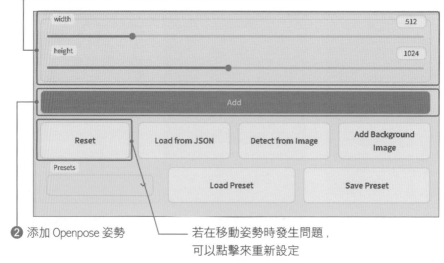

width	512
height	1024

Add

| Reset | Load from JSON | Detect from Image | Add Background Image |

Presets

| Load Preset | Save Preset |

❷ 添加 Openpose 姿勢 ——— 若在移動姿勢時發生問題,可以點擊來重新設定

STEP 03 調整 Openpose 姿勢：

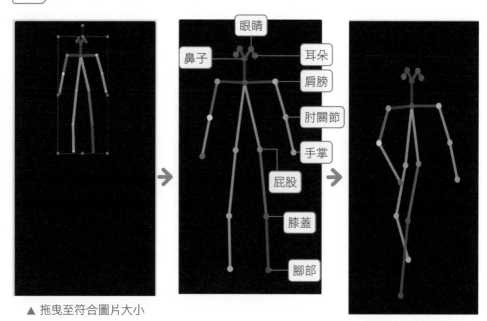

眼睛
鼻子
耳朵
肩膀
肘關節
手掌
屁股
膝蓋
腳部

▲ 拖曳至符合圖片大小

▲ 拖曳圓點處來調整人物的姿勢

STEP
04 將 OpenPose 姿勢傳送至 txt2img 頁面：

儲存 OpenPose 的姿勢圖片

送至 img2img 頁面

於 OpenPose Editor 右下方的功能列，選擇 **Send to txt2img**

STEP
05 回到 txt2img 頁面，並調整 ControlNet 功能區：

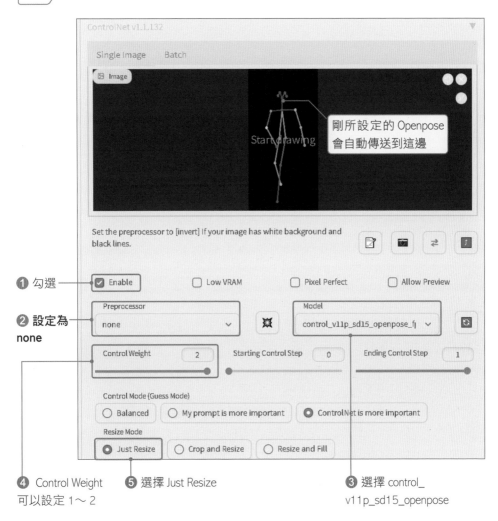

剛所設定的 Openpose
會自動傳送到這邊

❶ 勾選

❷ **設定為 none**

❹ Control Weight
可以設定 1～ 2

❺ 選擇 Just Resize

❸ 選擇 control_
v11p_sd15_openpose

⑥ 採樣方法選擇 DPM++ 系列　　**⑦ 調整為相符的圖像尺寸**

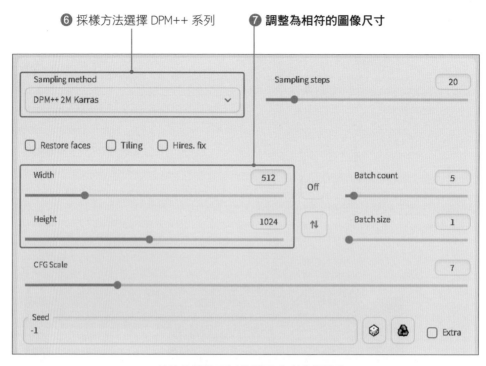

▲ 其他的調整可以依據需求來自行設定

STEP 06 輸入 Prompt 並生成圖片：

② 輸入正負向提詞
（與第 8 章所用的相同）

① 記得插入 Lora 模型，忘記如何
使用 Lora 可以回顧第 8 章

③ 生成圖片

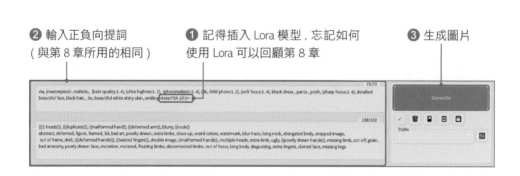

成果圖：

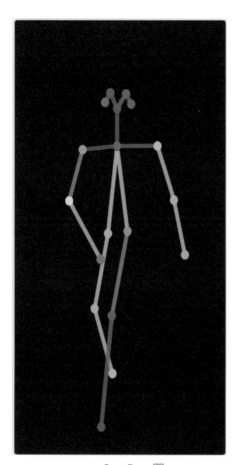

▲ OpenPose 圖

▲ Lora 模特照

直接使用圖片來控制模特兒姿勢

對於初學者來說，OpenPose Editor 其實蠻不好控制的（調整不好很常生成歪七扭八的模特兒姿勢）。其實有另一個更簡單的方法可以設定 OpenPose，我們可以先搜尋不錯的人物照片，然後直接匯入 ControlNet 中來模擬照片中姿勢。步驟如下：

STEP 01 事先準備不錯的圖片，並上傳至 txt2img 的 ControlNet 功能區：

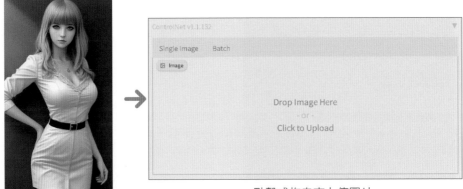

▲ 點擊或拖曳來上傳圖片

▲ 可以先在網路上搜尋不錯的人物照

STEP 02 調整 ControlNet 功能區：

❶ 勾選　　❷ 設定為 openpose（有興趣的讀者可　　❸ 選擇 control_v11p_
　　　　　　以設定不同的檢測方法玩玩看）　　　　　　　sd15_openpose

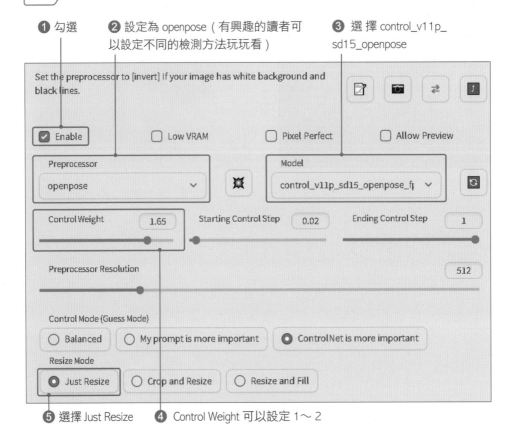

❺ 選擇 Just Resize　　❹ Control Weight 可以設定 1～ 2

接下來跟上一小節相同，依序進行**功能區調整、插入 Lora、輸入 Prompt** 來生成圖像。另外要注意的是，**所生成的圖像大小要調整到與原圖一致**，才不會讓模特兒的身材走樣。

成果圖：

▲ 原圖

▲ Lora 模特照

10-3 AI 模特兒換裝秀

筆者測試過許多更換模特兒服裝的方法，目前最有效且最快的方法是先準備自行拍攝的人像服裝照，然後將原圖的人物更換成 AI 模特兒。在這節中，我們會使用 Stable Diffusion 的 Inpaint sketch 功能，然後搭配 ControlNet 來將人像變成先前訓練的 Lora 模特兒，這種方法最簡單容易，讓我們一步一步來試試看吧。

使用 Inpaint sketch 與 ControlNet 更換模特兒臉部

STEP 01 上傳圖像至 img2img 中的 Inpaint sketch：

❶ 選擇 inpaint sketch

❷ 上傳事先準備好的服裝街拍照

STEP 02 加入遮罩：

❸ 使用滑鼠畫出遮罩，覆蓋人像臉部　　❶ 點擊

❷ 調整畫筆大小

STEP
03 調整功能區選項：

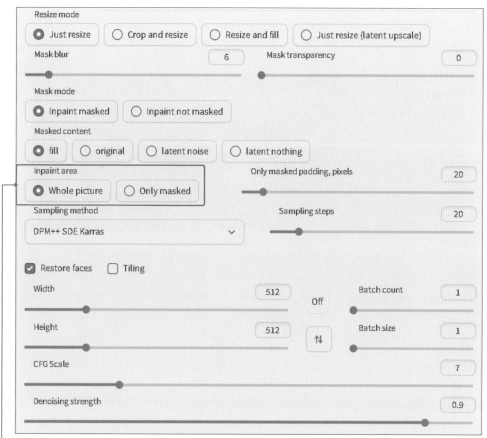

▲ 讀者可以參照以上設定。比較需要注意的是 , Denoising strength 建議選擇 0.9 ～1

Tip

關於 Inpaint area 的小知識：要選擇 Whole picture 還是 Only masked 呢？這要取決於遮罩的大小。若遮罩很小 , 建議使用 Only masked, 模特兒的臉部較不會失真；若遮罩較大 (例如範例中的遮罩比例), 選擇 Whole picture 能讓整體圖像較為自然。

STEP 04 使用 ControlNet 功能：

▲ 上傳同樣的圖像至 ContrlNet 中

❶ 勾選　　❷ 選擇 canny 或 openpose_face　　❸ 選擇 sd15_canny 或 sd15_openface

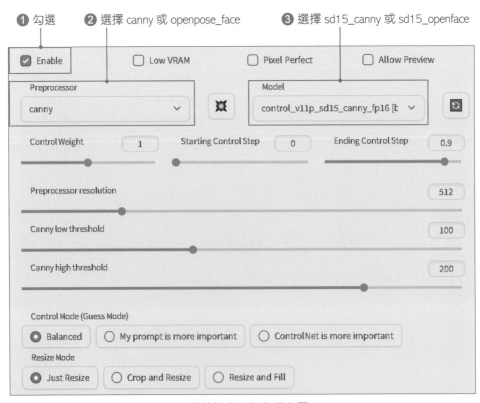

▲ 其他設定可以參照此圖

STEP 05 輸入 Prompt 並生成圖像，筆者輸入的 Prompt 如下：

Prompt :
Lora模型的主要提詞 , realistic, (masterpiece) ,((detailed beautiful face)), black hair , beautiful white shiny skin, smiling , **<lora:模型名稱-10:1>**

Negative Prompt :
abstract, deformed, ugly, poorly drawn face, cloned face, headgear

成果圖：

▲ 完成！但好像有點不太自然。這時候可以把生成完的圖像丟入 img2img 中，然後調整 Denoising strength（重繪幅度）至 0.2～0.3 左右，讓整張圖重繪一次

▲ 重繪完的圖像，畫風較為自然

AI 修圖大師

在上一節中，我們成功地更換了 AI 模特兒的衣服，但是圖像中的路人好像有點礙眼。接下來，我們會一步一步地修改照片細節並更換背景。

擴增圖像尺寸

因為我們接下來要更換圖像的背景，所以第一步會先更換一個擅長畫真實背景的模型，然後使用第 3 章介紹過的圖像擴增尺寸來進行修改。步驟如下：

STEP 01 更換模型並進入 img2img 頁面:

▲ 筆者這邊選擇 realistic_vision_v20 模型,讀者可依據自己的畫風需求來選擇不同的模型

選擇

STEP 02 調整圖像高度:

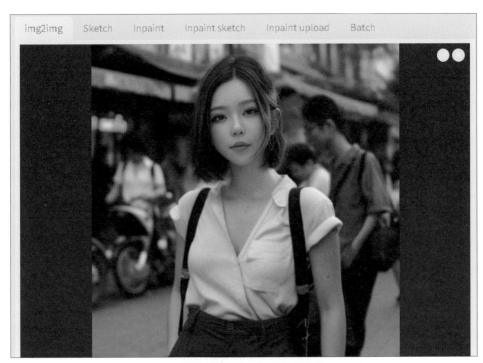

▲ 將先前的圖像上傳至圖生圖頁面

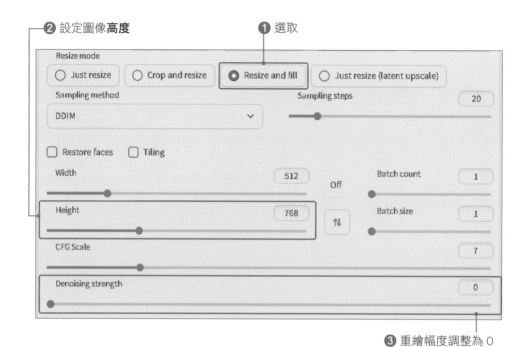

② 設定圖像**高度**　　　　　　　　**①** 選取

Resize mode

○ Just resize　　○ Crop and resize　　● Resize and fill　　○ Just resize (latent upscale)

Sampling method　　　　　　　　　　　　Sampling steps　　　　　20

DDIM

☐ Restore faces　☐ Tiling

Width　　　　　　　　　　512　　　　　Batch count　　　1

　　　　　　　　　　　　　　　　　Off

Height　　　　　　　　　768　　　⇅　　Batch size　　　1

CFG Scale　　　　　　　　　　　　　　　　　7

Denoising strength　　　　　　　　　　　　0

③ 重繪幅度調整為 0

> **STEP**
> **03** 不須輸入任何 Prompt 並點擊 Generate 來生成圖片：

◀ 生 成 後 的 照 片
應該會長這樣

STEP **04** 調整圖像寬度：

STEP **05** 不須輸入任何 Prompt 並點擊 Generate 來生成圖片：

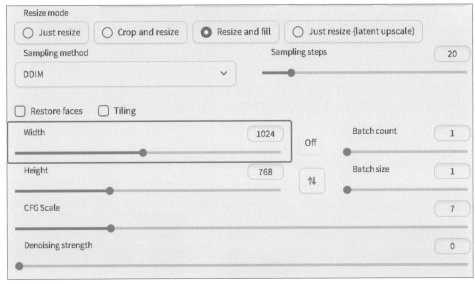

▲ 調整圖像**寬度**

▲ 生成後的圖像很醜，別擔心！接著我們會一步一步修改圖像細節

修改圖像細節

STEP
01 使用 Inpaint 功能並加上遮罩：

① 選擇 Inpaint

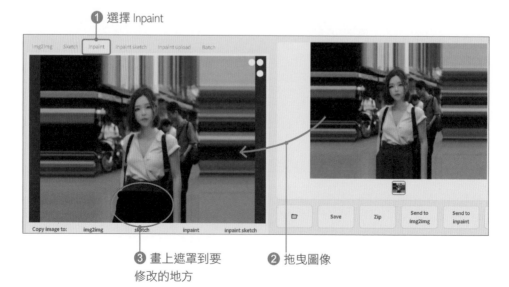

③ 畫上遮罩到要
修改的地方

② 拖曳圖像

STEP 02 調整功能區選項：

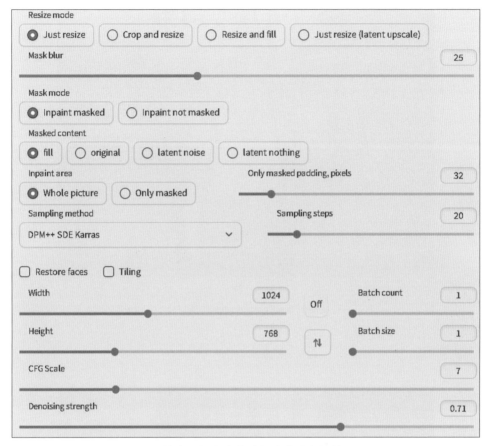

▲ 讀者可以參考上述設定來進行調整

STEP 03 輸入 Prompt 並生成圖片：

　　Prompt 請針對要修改的物件做描述，筆者僅輸入「brown pants，photorealistic」就有不錯的效果了。

成果圖：

▲ 褲子修改完了！接著可以**依照相同的步驟**對手部進行修改，如果要調整模特的姿勢，也**可以同時使用 OpenPose 功能**

STEP
04 重複以上步驟，不斷修改圖像細節：

▲ 經過多次重複修改後所生成的圖像

製作遮罩圖

讓我們接續先前的步驟。接下來,我們會先製作**遮罩圖**,並利用遮罩圖**重繪圖像背景**。步驟如下:

STEP 01 進入至 Inpaint upload 並使用 ControlNet 功能來製作遮罩圖:

點擊

STEP 02 開啟功能列下方的 ControlNet 並調整:

❶ 上傳圖像　　　　　　　　　　❽ 遮罩圖**預覽**會出現在這

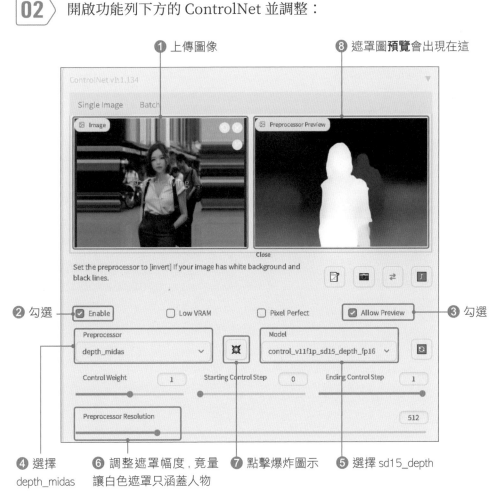

❷ 勾選

❸ 勾選

❹ 選擇 depth_midas

❻ 調整遮罩幅度,盡量讓白色遮罩只涵蓋人物

❼ 點擊爆炸圖示

❺ 選擇 sd15_depth

STEP 03 調整圖片尺寸：

點擊可以快速
修改原圖尺寸

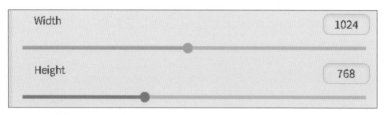

| Width | 1024 |
| Height | 768 |

▲ 生成圖像的尺寸應會自動修改至符合原圖尺寸。若沒有，就手動調整
到與原圖相符吧

STEP 04 上傳原圖並**隨意**生成圖片：

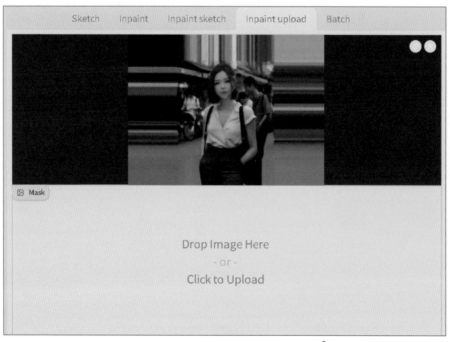

▲ 將原圖上傳

◀ 不用輸入 Prompt, 直接點擊
Generate 來隨意生成圖像

◀ 可以發現遮罩圖一併
出現在圖像生成區

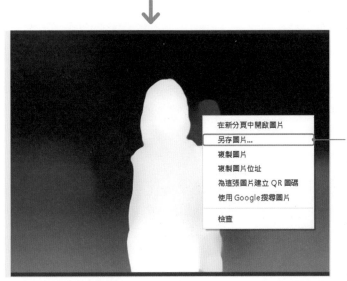

━ 點擊放大遮罩圖後
右鍵另存圖片

Tip

不知道有沒有讀者會產生疑惑, 為什麼不直接下載預覽的遮罩圖就好? 這是因為預覽
圖會出現尺寸跟原圖不符的問題, 這樣做才能確保後續的步驟不會出錯。

更換背景

製作完**遮罩圖**後，我們就可以來**重繪背景**了。步驟如下：

STEP 01 關閉 ControlNet 功能：

取消勾選

▲ 因為等等不會用到 ControlNet 功能，所以先將功能關閉

STEP 02 上傳遮罩圖：

▲ 上傳剛製作的遮罩圖至原圖下方

STEP **03** ▷ 功能區選項調整:

Mask blur 建議依照遮罩圖的覆蓋程度來調整

▲ 其他設定可以參考此圖

重繪幅度調整至 0.75

Tip

由於新版的 depth 模型在分割方面的表現不錯, Mask blur 可以設為 0 就好。但如果發現人物周圍不自然的話, 可以逐漸調整 Mask blur 到 4 ~ 15。

STEP **04** ▷ 輸入 Prompt 並生成圖像:

接下來, 我們可以依據構想的背景來輸入 Prompt, 以下為筆者所輸入的 Prompt。

```
Prompt :
(photograph of beautiful night street), realistic , soft light , f/2,
8k , masterpiece
(也可以加上前一章介紹過的其他攝影技巧)

Negative Prompt :
hand , hair , hat , ear, car
```

成果圖：

▲ 輕輕鬆鬆就能夠更換背景了！對於圖像較不自然的地方，一樣可以進行局部修改

▲ 原圖

▲ 不斷重複修改後的圖

10-5 用 Facebook 製作 3D 效果圖

在前面小節中，我們已經學會如何製作**深度圖**了。而 Facebook 有一個相當酷炫的功能，我們可以將圖像搭配深度圖來製作出 3D 的效果圖。話不多說，讓我們先來看看這種 3D 圖的呈現效果如何吧！

輸入以下網址或掃描 QR code 來看 3D 效果圖：

https://bit.ly/F3359_irongirl	https://bit.ly/F3359_storegirl

Tip

注意！使用手機觀看要進入到 Facebook APP 才看的到 3D 效果。另外，部分過舊的 Android 機型可能無法支援 3D 圖。

3D 圖製作方法

要製作出這種 3D 圖的方法非常簡單，我們需要準備一張**原圖**以及**深度圖**，接著將圖像上傳至 Facebook 轉換為 3D 圖。詳細步驟如下：

STEP
01 　準備原圖及深度圖：

▲ 讀者可自行準備原圖及使用 p10-23 的方法來製作深度圖，或利用本書提供的圖檔（檔名：irongirl、irongirl_depth) 來進行後續步驟

重新命名檔案名稱：

重新命名深度圖檔名為
「< 自訂檔案名稱 >_depth」

◀ 在製作 3D 效果圖時，
Facebook 要求深度圖的檔名
後方須加上「_depth」

STEP 03 〉 上傳至 FaceBook 來製作 3D 圖：

▲ 在建立貼文時，上傳剛剛原圖及深度圖檔。接著等待約 5~10 秒鐘，2 張圖會自動合成為 3D 圖

在電腦上用瀏覽器觀看，可移動滑鼠即可看到 3D 立體效果：

11

自動生成
人氣酷炫短影片

在前面章節中，我們主要著重於生成靜
態圖像，但在這個影音串流盛行的時
代，單純的靜態圖像顯然不夠看了。目
前有許多軟體可以幫助我們將靜態圖像
添加動態效果。透過這個功能，並搭配前
面學過的 Stable Diffusion 技巧，我們能
讓歷史人物重現於世！

名人開講動新聞

D-ID 是一家開發臉部識別技術的 AI 公司 , 旗下最著名的產品就是可讓使用者輕鬆生成模擬真人影片的 AI 工具。在這一章中 , 我們會使用歷史人物圖片並進行重繪 , 然後搭配 ChatGPT 整理最近新聞 , 最後使用 D-ID 讓歷史人物活過來並報導新聞時事。準備好了嗎 ? 讓我們開始吧。

1 使用 Stable Diffusion 重繪歷史人物

2 安裝 WebChat 外掛來突破 ChatGPT 2021 年限制

3 用 ChatGPT 搜尋最近新聞時事 , 並擬新聞稿

4 將頭像匯入 D-DI, 加上新聞稿讓歷史人物活過來

創造歷史人物主播頭像

在第 10 章中 , 我們學習過許多 Stable Diffusion 圖像檢測的技術。利用邊緣檢測的方式 , 我們可以重繪卡通或是歷史人物 , 讓畫中的人像以現代的技術活過來。詳細的步驟流程如下 :

STEP 01 選擇一張盡量正面的歷史人物畫像 :

▲ 請選擇正面、清晰的人物像，在這邊我們選擇使用蒙娜麗莎的畫像，讀者也可以試試看使用卡通人物的圖像

製作遮罩圖：

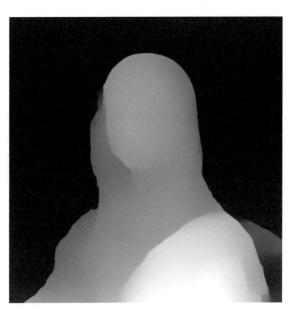

▲ 請參照第 10 章的方法製作遮罩圖，此遮罩圖為保留背景用

STEP 03 使用 img2img 的 Inpaint upload 功能：

❶ 於 Inpaint upload
上傳原圖與遮罩圖

❷ 選擇 Inpaint
masked

❸ 選擇 fill

❹ 調整圖像尺
寸與原圖相符

❺ 重繪幅度約調
整至 0.7 ~ 0.9

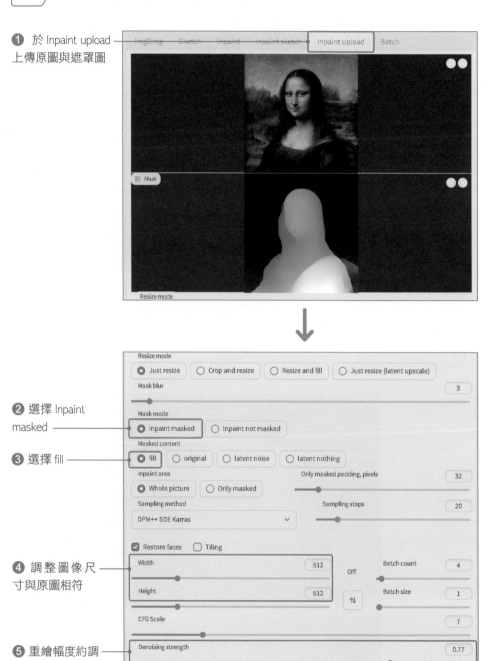

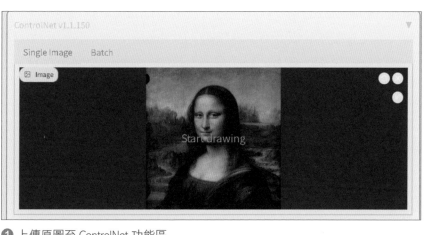

STEP **04** 搭配 ControlNet 的 canny (邊緣檢測) 或 normal_bae 來檢測臉部特徵：

❶ 上傳原圖至 ControlNet 功能區

❷ 勾選　　❸ 選擇 canny　　❹ 選擇 v11p_sd15_canny

❻ 點選

❺ canny 門檻值，可先透過預覽圖來進行微幅調整

建議**將歷史人物的外觀特徵作為** Prompt 來進行輸入。若不清楚要輸入
什麼關鍵字的話，我們也可以請我們的好幫手 ChatGPT, 給予我們該人物
外觀的「英文」描述。以下為筆者所輸入的 Promp。

Prompt :
a plump woman, long brown hair, slightly high forehead, deep gaze,
smiling mouth, plump cheeks, well-defined nose bridge, wearing dark
clothing ,detailed beautiful face,beautiful white shiny skin,
(masterpiece) , in the style of realistic

成果圖：

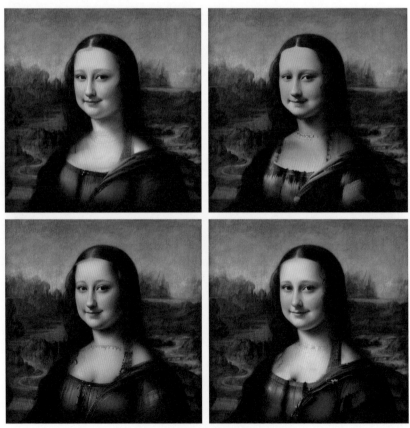

▲ 我們成功重繪了現代感的蒙娜麗莎！

安裝 WebChatGPT：突破 ChatGPT 時間限制

WebChatGPT 可以將網頁的搜尋結果提供給 ChatGPT，讓 ChatGPT 根據最新的資料來分析或統整，**突破 ChatGPT 的資料只到 2021 年的限制**！在本節中，我們會簡單介紹 WebChatGPT 的安裝方法，步驟如下。

STEP
01 ▷ 開啟 Chrome 瀏覽器後，進入管理擴充功能：

進入 Chrome 應用程式商店：

◀ 這是一個簡單進入 Chrome 應用程式商店的方法，我們也可以透過網址列搜尋 Chrome 應用程式商店來進入。

點擊即可進入 Chrome 應用程式商店

搜尋擴充功能並安裝：

❶ 輸入要搜尋的擴充功能並按 Enter

❷ 選擇 WebChatGPT

❸ 點擊

❹ 接著會跳出確認視窗，點選
新增擴充功能就完成安裝了！

安裝 WebChatGPT 後，會發現 ChatGPT 的對話框下方出現幾個按鈕：

關閉 / 開啟網頁　　搜尋結果　　搜尋時間　　搜尋地區　　設定 Prompt
搜尋功能　　　　　數量

WebChatGPT 的使用方法非常簡單，只需要開啟 Web access，並調整
搜尋數量、時間跟地區，它就會搜尋相關的網頁結果並傳給 ChatGPT。

用 ChatGPT 擬新聞稿

在這一小節中，我們會讓 ChatGPT 搖身一變為專業主播，整理最近發生的新聞稿。

STEP 01 新增 WebChatGPT 的設定檔：

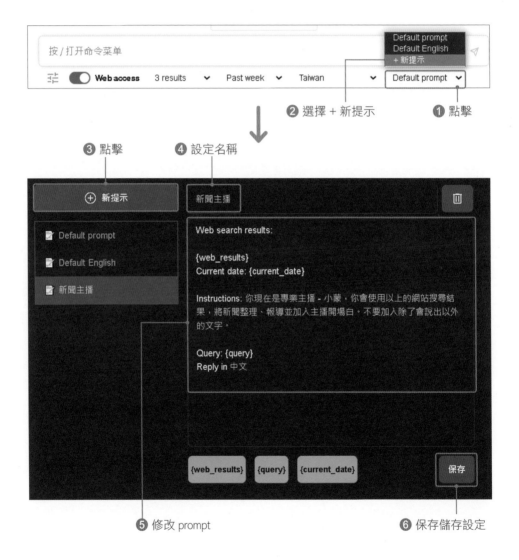

② 選擇 + 新提示　❶ 點擊

❸ 點擊　❹ 設定名稱

❺ 修改 prompt　❻ 保存儲存設定

STEP
02 搜尋網路資料並讓 ChatGPT 整理報導：

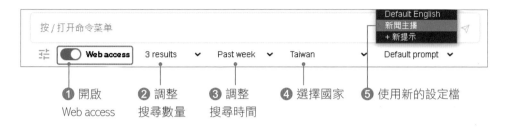

選擇好設定檔後，我們必須要把 Web access 的選項打勾，然後根據你的需求，設置搜尋結果、時間及國家。在範例中，我們輸入「財經新聞」，ChatGPT 就會幫我們搜尋、統整，並以新聞稿的形式呈現。

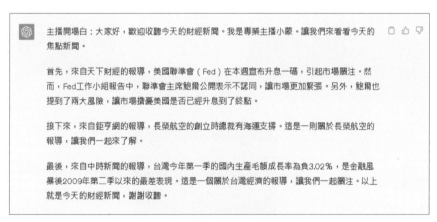

▲ ChatGPT 統整的新聞稿

用 D-ID 讓頭像動起來

我們已經利用 Stable Diffusion 生成了現代感的蒙娜麗莎頭像，也請 ChatGPT 幫我們擬好新聞稿了。現在，最後一步就是要用 D-ID 讓平面人物甦醒過來！在這一小節中，我們將詳細地介紹如何使用 D-ID，具體步驟如下：

STEP 01 輸入以下網址進入 D-ID 官網：

https://www.d-id.com/

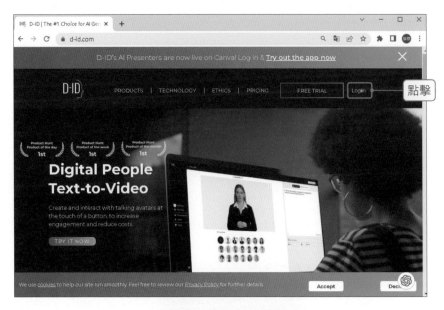

STEP 02 登入帳號：

❷ 選擇 login/signup

❶ 點擊

◀ 目前階段無法直接創
建影片，必須先點選左下
角功能區的 Login 來登入

◀ 可以使用 Google
或 Linkedin 帳號進
行登入，也可以創
建新帳號

STEP
03 上傳虛擬主播圖像：

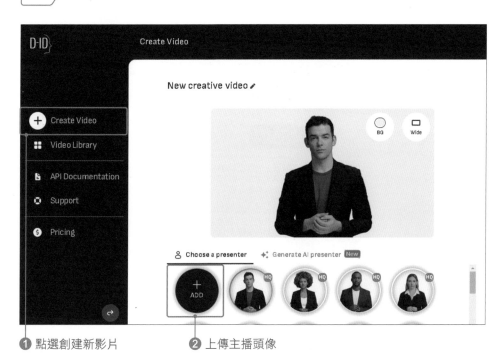

❶ 點選創建新影片　　❷ 上傳主播頭像

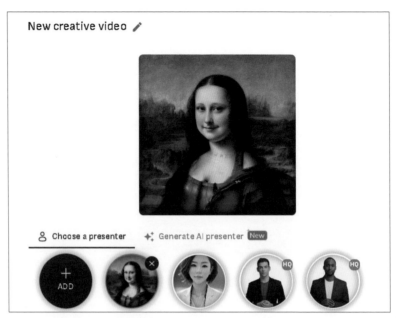

▲ 上傳的頭像會出現在主頁中，可以點擊下方的小圈圈來更換主播

貼上 ChatGPT 新聞稿並微調：

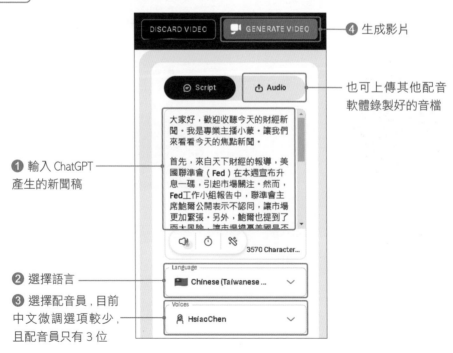

❹ 生成影片

也可上傳其他配音
軟體錄製好的音檔

❶ 輸入 ChatGPT
產生的新聞稿

❷ 選擇語言

❸ 選擇配音員，目前
中文微調選項較少，
且配音員只有 3 位

STEP **05** ▷ 生成影片：

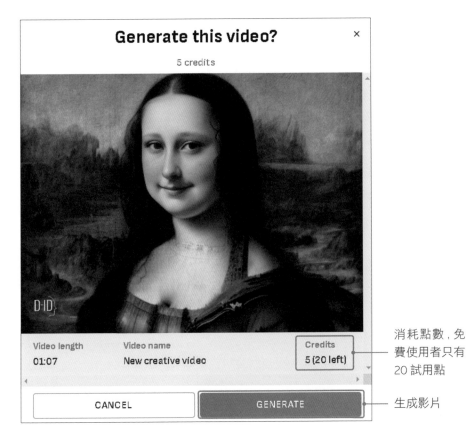

消耗點數，免費使用者只有 20 試用點

生成影片

▲ 約等待數分鐘來生成影片

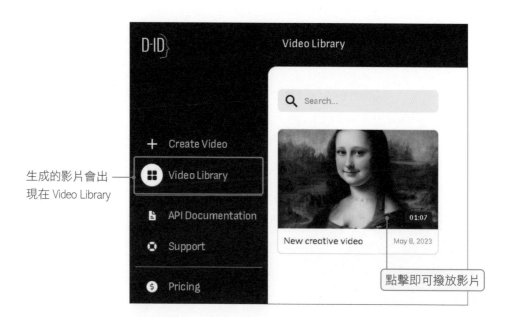

生成的影片會出
現在 Video Library

點擊即可撥放影片

編輯影片名稱

下載影片

　大功告成，不到幾分鐘的時間，我們就能請一位歷史人物來播報新聞！要注意的是，試用版本無法作為商業用途，且試用點數非常有限，這支 1 分鐘的影片大約花費了 5 點 (1 點約 15 秒)，若要繼續使用的話，創建一支 10 分鐘的影片約會花費 6 美元。

✂ 其他 AI 動圖軟體

除了 D-ID 之外，還有許多 AI 動圖軟體，如 LeiaPIX 或 Kaiber 等，這些軟體可以幫助我們將靜態的圖像動起來，甚至可以製作 MV 或短影片，有興趣的讀者可以自己試用看看！

LeiaPIX 網址：https://convert.leiapix.com/

Kaiber 網址：https://www.kaiber.ai/

11-2 打造令人驚艷的圖生圖動畫

　　閱讀到這邊的讀者，肯定已經能夠善用 Stable Diffusion 的圖生圖功能了！大部份的人都知道，動畫就是由很多圖像串接起來的，但不知道您有沒有思考過：如果把**一堆圖生圖串接起來，並製成動畫**會呈現出怎樣的效果呢？話不多說，直接讓我們來看看吧！

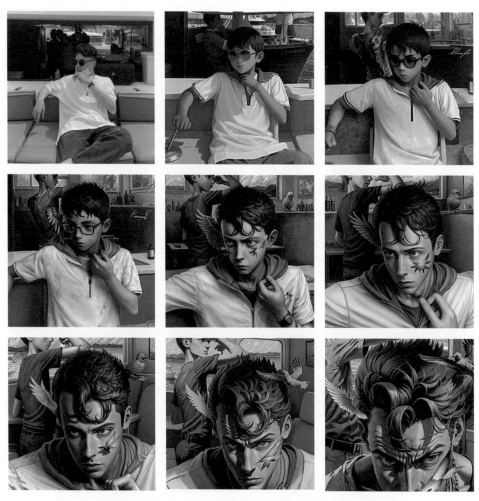

▲ 只要描述關鍵場景的提示詞，就可以生成酷炫的圖生圖動畫

使用 Deforum 外掛來製作動畫

　　1 秒鐘動畫動輒需要數十張圖像，要生成幾張才能有生動的效果啊？不用擔心！我們其實並不需要一張一張慢慢地生成圖像，也不用自己手動拼接。只要使用 Stable Diffusion 的 Deforum 外掛，一鍵即可輕鬆生成動畫。詳細步驟如下：

STEP 01 準備一張原圖並上傳至 Colab 的 webui 資料夾中：

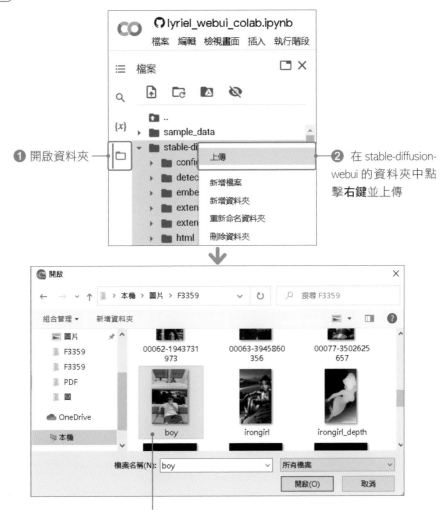

❶ 開啟資料夾

❷ 在 stable-diffusion-webui 的資料夾中點擊**右鍵**並上傳

❸ 上傳一張原圖 (此圖為圖生圖的起始圖，讀者可以上傳自己的相片)

④ 找到剛剛所上傳的
圖檔，點擊**右鍵**選擇
複製路徑

STEP
02 使用 Stable Diffusion 的 Deforum 外掛：

❶ 點擊

Batchlinks Downloader　　Deforum　　OpenPose Editor

使用 Colab 的讀者，
Deforum 外掛已經自
動更新好了

❸ 勾選　　　　❷ 調整起始設定

④ 貼上剛剛複製的原圖位置

STEP
03 功能區選項調整：

在這個部分，我們會挑出幾個比較**重要且必須要進行的調整**來進行詳細
說明。

● Run 功能列：

採樣步數建議設置 20 ～ 25

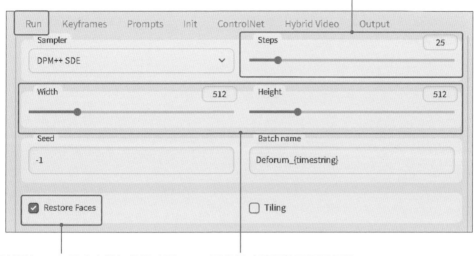

臉部修正，但開啟會增加算圖時間　　**圖像尺寸請調整至原圖相符**

● Keyframes 功能列：

選擇 3D，才可以移動 3 維的相機視角

圖生圖的權重，建議依照預設即可　　**重要！最大幀數，**
會影響影片的秒數

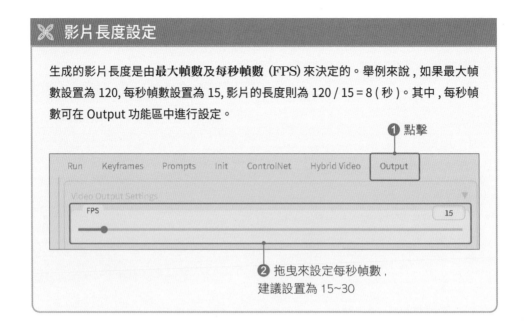

✿ 影片長度設定

生成的影片長度是由**最大幀數**及**每秒幀數** (FPS) 來決定的。舉例來說，如果最大幀數設置為 120，每秒幀數設置為 15，影片的長度則為 120 / 15 = 8（秒）。其中，每秒幀數可在 Output 功能區中進行設定。

❶ 點擊

| Run | Keyframes | Prompts | Init | ControlNet | Hybrid Video | Output |

Video Output Settings

FPS   15

❷ 拖曳來設定每秒幀數，
建議設置為 15~30

● 相機角度：

　　在 Keyframes 的功能區塊下方，可以找到一個名為 Motion 的選項。這裡可以調整影片中的**相機移動**和**旋轉角度**。在指定格式「0:(0)」中，第一個數字代表的是影片的畫面順序（也就是第幾幀），而第二個數字則代表相機的移動速度（0 表示相機保持靜止不動）。

　　為了簡單理解這個概念，讓我們舉個例子來說明。假設我們在平移 X 軸的設定欄位中輸入「0:(0), 60:(2), 70:(-3)」，代表相機會在 0 ~ 60 幀的時候慢慢向右平移（在 60 幀時的達到 2 的速率)，然後在 60 ~ 70 幀時快速向左，接著 70 幀到影片結束都會以 -3 的速率向左平移。

選擇 Motion

Motion   Noise   Coherence   Anti Blur   Depth Warping & FOV

Ⓐ Translation X

0:(0)

Ⓑ Translation Y

0:(0)

Ⓒ Translation Z

0:(1.75)

Ⓓ Rotation 3D X

0:(0)

Ⓔ Rotation 3D Y

0:(0)

Ⓕ Rotation 3D Z

0:(0)

Ⓐ 平移 X 軸，正數為向右平移（負為向左）

Ⓑ 平移 Y 軸，正數為向上平移（負為向下）

Ⓒ 平移 Z 軸，正數為往前平移（負為往後）

Ⓓ 旋轉 X 軸，正數為沿著 X 軸逆時鐘旋轉（負為順時鐘旋轉）

Ⓔ 旋轉 Y 軸，正數為沿著 Y 軸逆時鐘旋轉（負為順時鐘旋轉）

Ⓕ 旋轉 Z 軸，正數為沿著 Z 軸逆時鐘旋轉（負為順時鐘旋轉）

- Prompts 功能列：

各幀數的 Prompt

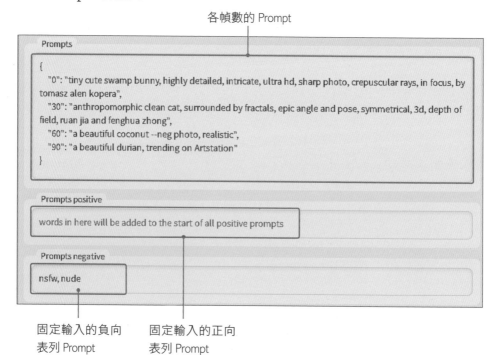

固定輸入的負向　固定輸入的正向
表列 Prompt　　　表列 Prompt

在製作影片時，我們可以自行決定「第幾幀」要呈現的畫面。以下為各幀的 Prompt 格式：

上下需使用大括弧包住　　　　　　　　　　　要用逗點來分隔各幀的 Prompt

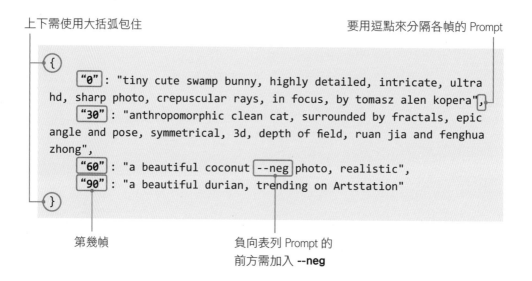

第幾幀　　　　　　　負向表列 Prompt 的
　　　　　　　　　　前方需加入 **--neg**

STEP **04** 請 ChatGPT 幫我們生成各幀的 Prompt：

我們可以再次請出我們的好幫手—**ChatGPT**，並對之前的訓練命令進行修改，讓它幫我們生成各幀所使用的 Prompt。

請將下列訓練命令輸入至 ChatGPT 中（可開啟 Prompt- 影片製作來複製）：

你現在是一個影像**Prompt**生成的**AI**。我將在之後的對話框中輸入各幀的**Concept**，然後你會將**Concept**轉換為各幀所使用的**Prompt**。使用括號 （ ） 可以增加關鍵詞的權重為**1.1**倍，而使用方括號 [ ] 則會減少權重為**0.91**倍，添加 **--neg** 為畫面中不想出現的元素。
以下是範例：

```
{
    "0" : "tiny cute swamp bunny, highly detailed, intricate, ultra
hd, sharp photo, crepuscular rays, in focus, by tomasz alen kopera",
    "30" : "anthropomorphic clean cat, surrounded by fractals, epic
angle and pose, symmetrical, 3d, depth of field, ruan jia and fenghua
zhong",
    "60" : "a beautiful coconut --neg photo, realistic",
    "90" : "a beautiful durian, trending on Artstation"
}
```

如果你了解了，請等待我輸入Concept。

接著將各幀想呈現的畫面輸入至 ChatGPT 中：

ChatGPT 會回傳給我們各幀的 Prompt ▶

我們可以直接將 ChatGPT 生成的 Prompt 複製並貼上至 **Prompts 功能區**。接著，依序設定**相機鏡頭的移動**、**最大幀數**以及**每秒幀數**。完成這些設定後，我們就可以開始生成影片了。

生成影片：

中斷影片生成　　　　　　　　　　　　　點擊生成影片

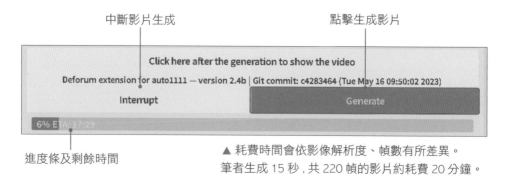

進度條及剩餘時間

▲ 耗費時間會依影像解析度、幀數有所差異。
筆者生成 15 秒，共 220 幀的影片約耗費 20 分鐘。

算圖完成後，請點擊上方的 Click here after the generation to show the video 按鈕，並**等待影片 Loading（約 1 分鐘）**，生成的影片會出現在撥放窗格中。

點擊可以下載影片

Update the video	Close the video

重新算影片時，可以點擊
Update the video 來更新影片

 STEP **06** 輸入以下網址或掃描 QR code 來看圖生圖動畫效果：

https://bit.ly/F3359_video1

https://bit.ly/ F3359_video2

12

其他 AI
繪圖軟體

除了前幾章介紹的軟體之外，還有一些有
特色、或有一定市佔率的 AI 繪圖資源也
一併介紹給大家。

12-1 替你畫出二次元美少男美少女：PixAI.art

　　繪圖軟體目前幾乎由歐美國家所開發，也因此生成的圖像比較偏向歐美風一點。如果你今天想要生成的是日漫風格的圖像呢？這邊有兩種比較知名的選項：

> NovelAI：專精於故事書寫、動漫風格的圖片生成 (NovelAI Diffusion)，但繪圖部分
> 　　　　 為付費制，基本方案一個月 10 美金。
>
> PixAI.art：主打日系動漫風格的 AI 繪圖網站，可免費使用。

　　我們先以免費的 PixAI.art 來做示範。PixAI.art 每天會贈送給你 1 萬 Credits，每次繪製一張圖至少需要 1000 Credits (生圖所需的 Credit 隨著畫質的提高而增加)，算是很夠用。如果我們沒有調整任何模型或生成圖片的步數，每天能快速生成 10 張左右的 AI 繪圖作品。

註冊教學

◆ 開啟下方網址：

https://pixai.art/

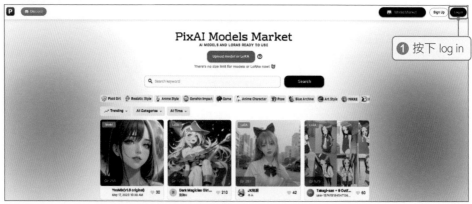

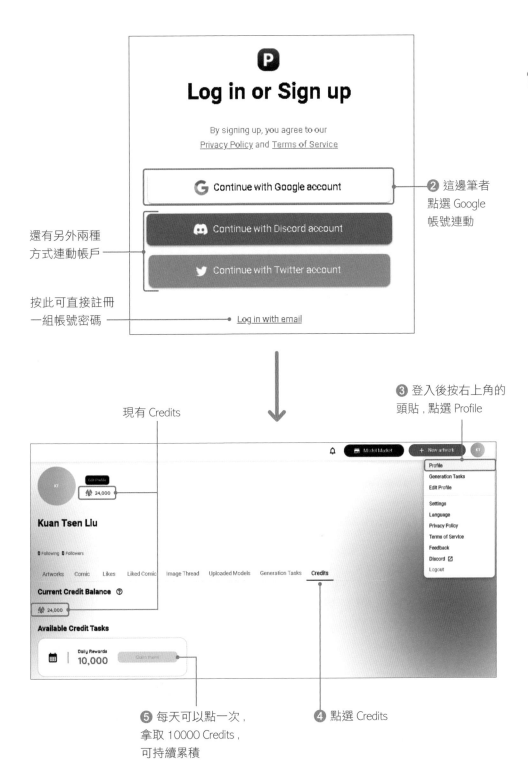

Log in or Sign up

By signing up, you agree to our
Privacy Policy and Terms of Service

G Continue with Google account

❷ 這邊筆者
點選 Google
帳號連動

🎮 Continue with Discord account

還有另外兩種
方式連動帳戶

🐦 Continue with Twitter account

按此可直接註冊
一組帳號密碼

Log in with email

❸ 登入後按右上角的
頭貼, 點選 Profile

現有 Credits

Kuan Tsen Liu

0 Following 0 Followers

Artworks Comic Likes Liked Comic Image Thread Uploaded Models Generation Tasks **Credits**

Current Credit Balance ⑦

🎮 24,000

Available Credit Tasks

📅 | Daily Rewards
10,000 Claim them!

Profile
Generation Tasks
Edit Profile
Settings
Language
Privacy Policy
Term of Service
Feedback
Discord ☑
Logout

❺ 每天可以點一次,
拿取 10000 Credits,
可持續累積

❹ 點選 Credits

頁面各區介紹

圖像搜尋 / 分享區　　　　　　　　　　　　　　　　微調模型區　　圖像生成區

快速生成圖像

　　拿取到 Credit 後，就可以開始生成圖片，筆者預計使用 Prompt：「Kiki's Delivery Service, white hair, book, flower, cat」。

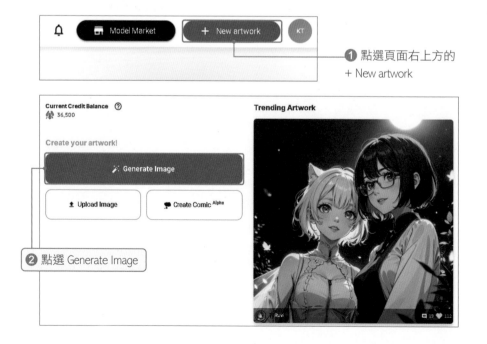

① 點選頁面右上方的
+ New artwork

② 點選 Generate Image

❸ 輸入 Prompt

現在擁有的 Credits

❹ 點擊生成鍵，同時會
顯示預估要花多少 Credits

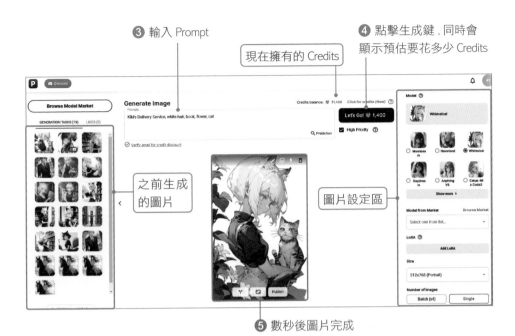

之前生成
的圖片

圖片設定區

❺ 數秒後圖片完成

另外特別的是，PixAI.art 可以輸入表情符號 (Emoji)，它會根據你置放 Emoji 的氛圍和
顏色來生圖。

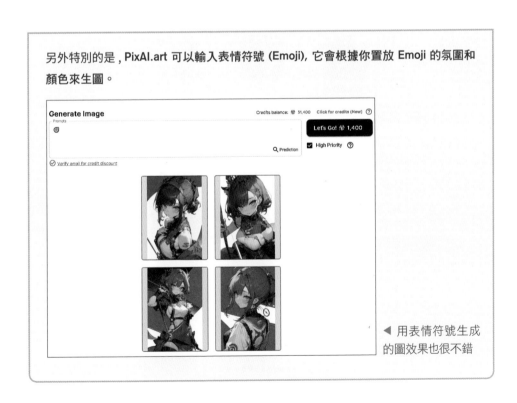

◀ 用表情符號生成
的圖效果也很不錯

圖片生成設定

　　我們可以使用 PixAI.art 的圖片設定區來做出想要的效果，如果對生成的圖片不滿意，也可以持續用圖片設定區做改善。以下介紹比較常用的功能。

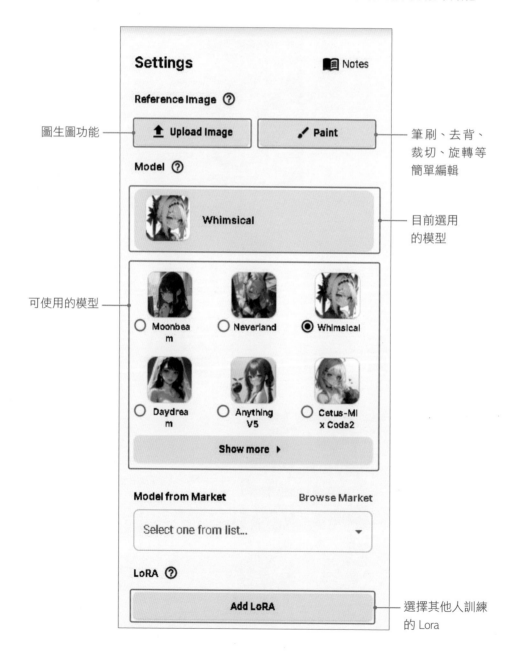

圖生圖功能 ──

筆刷、去背、裁切、旋轉等簡單編輯

目前選用的模型

可使用的模型 ──

選擇其他人訓練的 Lora

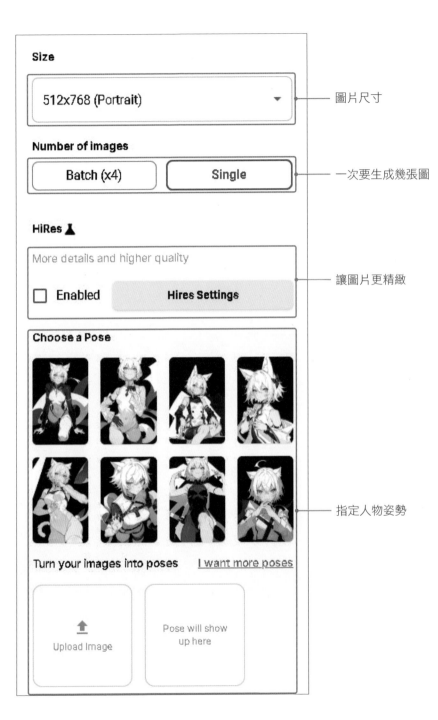

Size

512x768 (Portrait) ▼ ──── 圖片尺寸

Number of images

Batch (x4)　　　Single ──── 一次要生成幾張圖

HiRes 🏋

More details and higher quality

☐ Enabled　　Hires Settings ──── 讓圖片更精緻

Choose a Pose

──── 指定人物姿勢

Turn your images into poses　　I want more poses

⬆
Upload Image　　Pose will show
up here

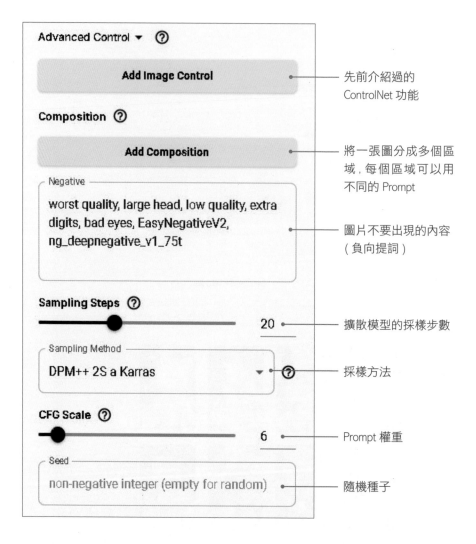

先前介紹過的
ControlNet 功能

將一張圖分成多個區
域，每個區域可以用
不同的 Prompt

圖片不要出現的內容
（負向提詞）

擴散模型的採樣步數

採樣方法

Prompt 權重

隨機種子

　　大部分的功能都跟 Leonardo.ai 類似，筆者用不同的模型跟參數對剛剛
生成的圖像重新算圖，得到了不同的結果。讀者們可以自行試試看。

▲ 原圖 (左上) 與再製圖比較

模仿平台圖像的風格

　　PixAI.Art 的「圖像搜尋 / 分享區」、「微調模型區 Model Market」是兩種不同的圖庫,「圖像搜尋 / 分享區」大部分的圖像附有詳細資料,我們可

以沿用 Prompt 等其他設定，自己重新生圖，或是對自己生成的圖像再做優化。「微調模型區 Model Market」則是可以使用其他玩家的 Lora 模型。

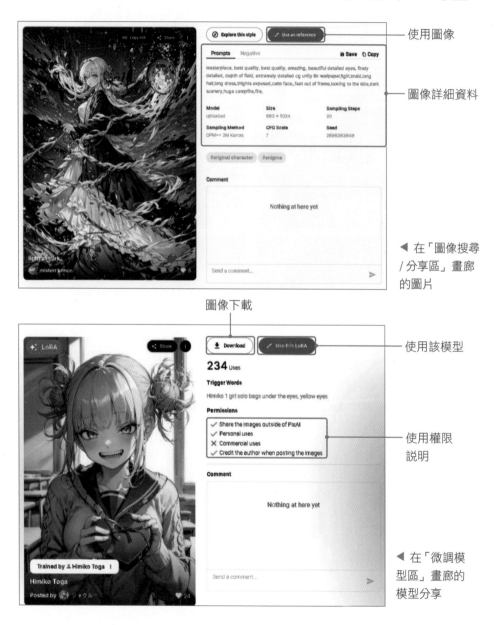

使用圖像

圖像詳細資料

◀ 在「圖像搜尋／分享區」畫廊的圖片

圖像下載

使用該模型

使用權限說明

◀ 在「微調模型區」畫廊的模型分享

　　如果想要模仿平台上的人物風格，可以使用該圖片的資料，就可以把原圖重製成類似效果的圖像。

① 想模仿
這張圖片
的人物

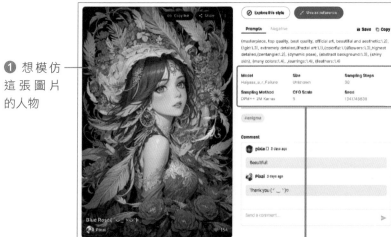

② 將參數和隨機
種子貼到功能區

◀ 生成後的圖片

從平台圖像再創作

就如一開始所提及，除了自定義 Prompt，我們也可以在「Gallery」的圖片上進行再創作。

❶ 點選喜歡的圖片後按下 Use as reference

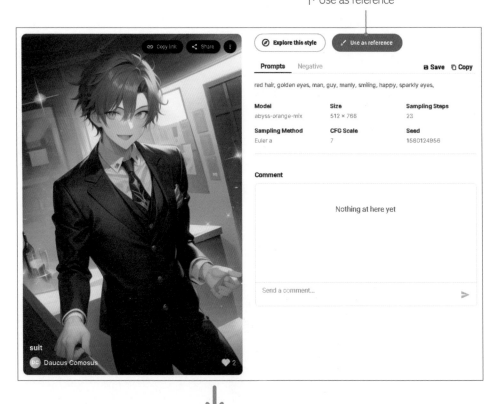

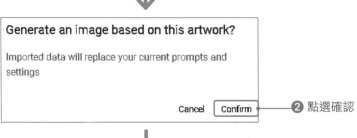
❷ 點選確認

❸ 筆者將部分 Prompt 改為黑髮、藍眼睛　　　　參考的原圖

❺ 不到一分鐘, 成功生成另一張圖！　　　　❹ 改成選第一個模型

12-2 簡單易用的 DALL-E

　　DALL-E 是由 OpenAI 研發的 AI 圖像生成模型, 可以產生各種風格迥異的圖像, 與其他 AI 圖像生成模型相比, 它使用起來非常簡單且**支援中英文輸入**, 只要進入官網輸入文字描述就能夠產生圖像。DALL-E 允許我們輸入非常通順的自然中英文語句, 如「**一隻卡通版貓頭鷹, 有著像氣球一般圓滾滾的身材**」, 這也讓它使用起來更具靈活性 (雖然可以輸入中文, 但理解能力還是差了點)。

Tip

注意:目前 DALL-E 是否可以免費使用, 依照您的註冊時間而定。

2023 年 4 月 6 日前註冊 DALL-E 的用戶每個月都可以獲得免費的 15 Credits, 期限為一個月 (無法延續到下個月使用), 每月的同一日期會自動補充 (但在 29、30、31 日註冊的話會在 28 日補充)。

若是在 2023 年 4 月 6 日之後註冊的帳戶皆沒有免費 Credit, 用戶需要自行購買。

使用方法

STEP 01 進入 DALL-E 官網：

https://openai.com/product/dall-e-2

STEP 02 點擊 Try DALL-E：

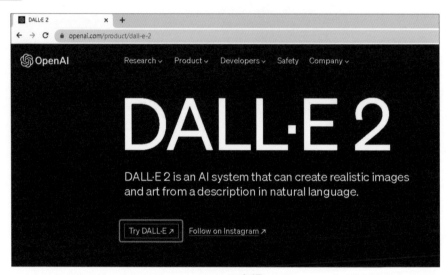

▲ DALL-E 官網

STEP 03 登入帳號：

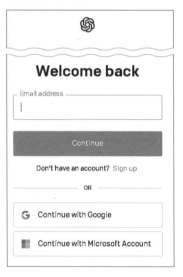

◀ 可以登入與 ChatGPT
相同的帳號

STEP 04 > 輸入 Prompt 即可生成圖片：

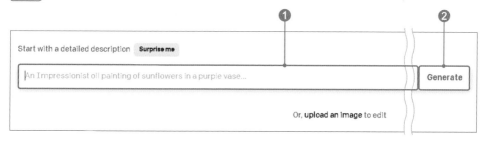

▲ DALL-E 會生成 4 張圖像，選擇一張你喜歡的吧！

STEP 05 > 點擊圖片後可以編輯與儲存：

編輯圖像　　　　　　保存圖像

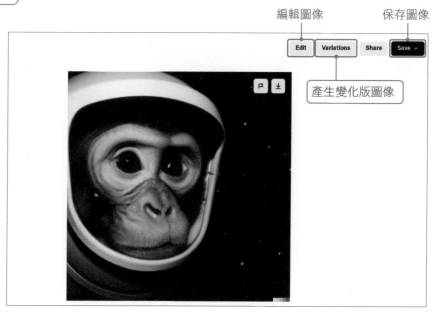

產生變化版圖像

▲ 點擊 Variations 後會產生變化版的圖像

圖像編輯

生成圖像後，DALL-E 有一個非常強大的功能，就是我們可以直接對生成的圖像進行編輯，這個功能可以讓我們對原有的圖像進行擴增、修改或移除不想要的物件。

● **點擊 Edit 後會來到圖像編輯窗格：**

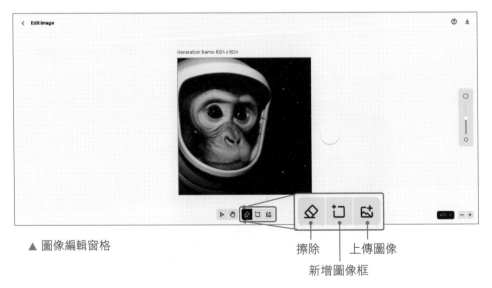

▲ 圖像編輯窗格　　　　　　　　　　　擦除　　上傳圖像

　　　　　　　　　　　　　　　　　新增圖像框

● **圖像擴增功能：**

❸ 輸入想新增的物件並送出

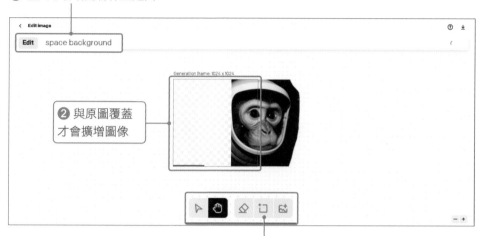

❷ 與原圖覆蓋才會擴增圖像

❶ 點擊新增圖像框

● **執行結果：**

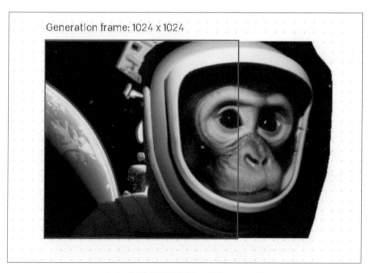

▲ DELL-E 會自動幫我們擴增原圖並新增輸入的物件，
在這個範例中，我們輸入了 Space background。

● **移除物件功能：**

④ 輸入新物件的 Prompt

⑤ 新增

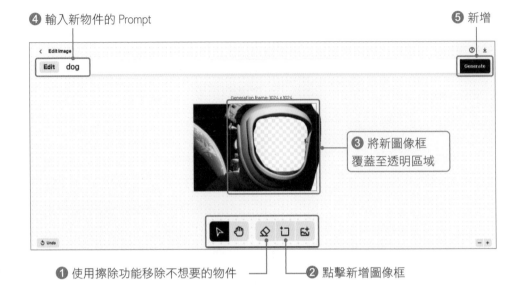

③ 將新圖像框覆蓋至透明區域

❶ 使用擦除功能移除不想要的物件

❷ 點擊新增圖像框

● **執行結果：**

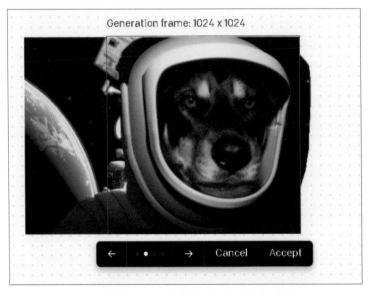

▲ 在這個範例中，我們將原本的猴子更換為狗。這個功能能夠方便的移除
或更換圖像中的物件，你也可以使用這個功能來進行去背處理

雖然目前 DALL-E 所生成圖像沒有本書介紹的其他 AI 繪圖服務精緻，但是品質穩定且非常容易上手，非常適合新手玩玩看。

12-3 Bing 的生圖工具：Bing Image Creator

Bing 也有提供文字生圖工具，稱為**影像建立者** (Bing Image Creator)，套用 Open AI 的 DELL-E 模型，目前只要有 Microsoft 帳戶就可以免費使用。雖然沒有 Midjourney 生成的圖片精緻，但 Bing Image Creator 對於文字審查非常嚴謹，不會出現禁止未成年觀看、不恰當的圖片。另外，它也支援**中英文輸入，而且對中文提詞的理解程度，是目前 AI 繪圖工具中最好的。**

◆ **開啟下方網址：**

https://www.bing.com/create

❶ 點選

2 登入 Microsoft 帳戶

雖然免費使用，但仍然有 Credits 限制。每位用戶一開始有 25 點，每生成一張圖片則消耗一點，用完後生成圖片的速度會下降

通過 Microsoft Rewards 可以兌換更多 Credits

▲ 可以開始使用了

現在就讓我們來試看看：

❶ 連到 https://bing.com/create　　　❷ 填入提示文字（中英文皆可輸入）

❸ 填入提示文字

目前有強化功能快速生圖的次數限制，用完後生圖速度就會變慢

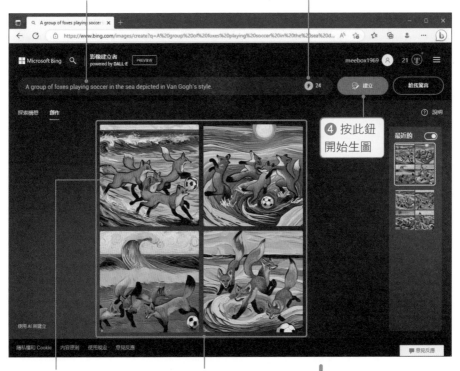

❹ 按此鈕開始生圖

❻ 按其中一張圖　　　❺ 一次會生出四張圖

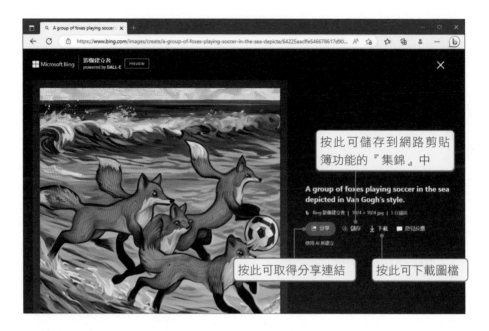

按此可儲存到網路剪貼簿功能的『集錦』中

按此可取得分享連結

按此可下載圖檔

若是要查看儲存在**集錦**內的圖片，可以如下操作：

❶ 按一下 Edge 瀏覽器上的**集合**

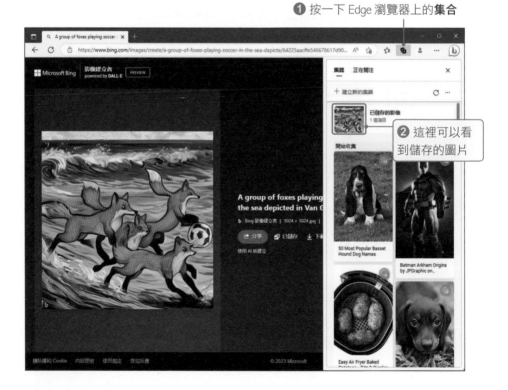

❷ 這裡可以看到儲存的圖片

可以看到圖片固定為 1024 x 1024 的 jpg 檔，而且左下方會有一個淡淡的「b」浮水印。

要特別提醒的是，這些 AI 產生的圖檔只能個人使用，不能使用在商業用途喔！

官方建議用**形容詞 + 名詞 + 動詞 + 樣式 / 風格**的格式來寫 Prompt，如果沒有靈感，也可以按一下旁邊的**給我驚喜**讓系統自動產生提示文字：

❶ **數位藝術**風格、叢林　　❷ 可以看到現在的　　❸ 按總獎勵點數可進
探險家穿著的捕鼠梗犬　　　Credits 已經用完了　　入**獎勵**頁面賺取點數

❹ 兌換好後就可以繼續建立圖片了

現在你就可以透過**影像建立者**化身成為藝術家，生出自己喜愛的圖片了。

AI 繪圖
夢工廠
Midjourney、Stable Diffusion、Leonardo.ai
×
ChatGPT 超應用神技